U0221274

**资助项目：**

国家重点研发计划课题（2021YFD1700803）

国家自然科学基金面上项目（41877044）

浙江省自然科学基金重点项目（LZ21C030002）

国家重点基础研究发展计划（973计划）项目（2015CB150502）

土壤生态学研究前沿

丛书主编　朱永官
丛书执行主编　徐建明

# 稻田土壤氮素的 厌氧转化过程与微生物群落

张奇春　主编

ZHEJIANG UNIVERSITY PRESS
浙江大学出版社
·杭州·

**图书在版编目（CIP）数据**

稻田土壤氮素的厌氧转化过程与微生物群落 / 张奇
春主编 . — 杭州：浙江大学出版社，2023.11
（土壤生态学研究前沿）
ISBN 978-7-308-24394-0

Ⅰ . ①稻… Ⅱ . ①张… Ⅲ . ①稻田—土壤氮素—厌氧
—转化—研究②稻田—土壤氮素—厌氧—微生物群落—研
究 Ⅳ . ①S154②Q938.1

中国国家版本馆 CIP 数据核字（2023）第 214731 号

**稻田土壤氮素的厌氧转化过程与微生物群落**

张奇春　主编

| | |
|---|---|
| **策划编辑** | 许佳颖 |
| **责任编辑** | 潘晶晶 |
| **责任校对** | 叶思源 |
| **封面设计** | 浙信文化 |
| **出版发行** | 浙江大学出版社 |
| | （杭州市天目山路 148 号　邮政编码310007） |
| | （https://www.zjupress.com） |
| **排　　版** | 杭州晨特广告有限公司 |
| **印　　刷** | 浙江海虹彩色印务有限公司 |
| **开　　本** | 710mm×1000mm　1/16 |
| **印　　张** | 11.75 |
| **字　　数** | 155 千 |
| **版 印 次** | 2023 年 11 月第 1 版　2023 年 11 月第 1 次印刷 |
| **书　　号** | ISBN 978-7-308-24394-0 |
| **定　　价** | 88.00 元 |

# 《稻田土壤氮素的厌氧转化过程与微生物群落》
# 编委会

# 总　序

　　土壤圈是联系大气圈、岩石圈、水圈和生物圈的纽带,是维系陆地生态系统功能和服务的基础。土壤中的生物类群复杂多样、数量庞大,不同的土壤生物类群相互作用并形成复杂的营养级和食物网。土壤生物和环境相互作用,从而构成自然界中最为复杂的生态系统——土壤生态系统。土壤生态学正是以土壤生态系统为研究对象,探讨土壤生物多样性及其生态功能,以及土壤生物与环境相互作用的学科。

　　土壤生态学的研究有着悠久的历史,早在1881年,查尔斯·达尔文(Charles Darwin)就开创性地研究了蚯蚓活动对土壤的发生、风化和有机质形成过程的影响,并发现了蚯蚓活动对土壤肥力和植物生长具有重要作用。由于土壤中蕴藏着难以估量的生物数量和生物多样性,同时土壤生物之间以及土壤生物和环境之间存在着复杂的相互作用,在相当长的历史时期,土壤生态学发展非常缓慢。但随着人们对土壤生态系统重要性的认知和相关研究方法及技术的不断发展,土壤生态学研究的深度和广度不断拓展,逐步成为现代土壤学、生态学和环境科学研究领域的热点及前沿。人类大约90%的食物直接或间接来源于土壤,土壤生态过程影响着有机质积累和养分循环,并且为植物促生、抗病虫、抗逆等提供支持,因此土壤生态过程对粮食安全至关重要。土壤是地球上最大的陆地碳库,土壤微生物驱动的碳循环在生物固碳、温室气体排放等生态过程中发挥着不可替代的作用,是实现"双碳"目标的重要途径。土壤有机污染物与重金属生物转化也是土壤中重要的生态过程,是污染土壤自净和生态修复的重要驱动力。虽然土壤中存在人类和动植物的不少病原生物,但近年来研究发现健康的土壤微生物群落可以提高人体对疾病的抵抗力,并且可以预防过敏、哮喘、自身免疫性疾病、抑郁症等健康问题。此外,土壤生物多样性是开发新药所需的化学和遗传资源的重要基础。人类使用的大部分抗生素来源于土壤,弗莱明和瓦克斯曼分别因发现青霉素和链霉素这两种重要抗生素而获诺贝尔生理学或医学奖。因此,土壤生态学研究有助于客观认识土壤生物多样性的发生、分布规律及其生态功能维持机制,发掘和利用土壤生物资源,为应对环境和气候变化、恢复退化生态系统、促进土地资源的可持续利用提供科学支撑。

过去20年,得益于分子生物学和基因组学技术的进步,土壤生态学研究快速发展,很大程度上更新了我们对土壤生态系统的认识。然而,由于土壤生态系统的复杂性,目前我们对土壤生态过程机制的认知仍较为粗浅,且现有的理论多借鉴宏观生态学研究,因此亟须发展土壤生态学的自有理论体系,提升研究水平和深度。首先,为解析微生物组的复杂性,土壤生态学的研究应更多地"拥抱"新技术新方法,并从宏基因组学(metagenomics)向宏表型组学(meta-phenomics)发展,探索微生物组的原位生态功能,跨越当前基于基因组和宏基因组的功能预测研究。其次,考虑到地上与地下生态过程的耦合及其环境和尺度依赖性,野外定位实验配合大尺度的监测和联网研究势在必行,并应在此过程中加强不同学科间的交叉融合,拓展土壤生态学研究的尺度。最后,在全球变化的大背景下,土壤生态学与其他生态环境和资源学科一样,面临着应对全球变化与环境污染、维持资源可持续利用等一系列重大挑战。如何利用土壤生态学理论及其最新成果发展土壤生态调控技术,发掘和利用土壤生物资源,修复退化土壤,维持土壤健康,支撑生态文明建设和可持续发展国家战略,已成为当前土壤生态学研究的重要任务。因此,有必要对最新发展的土壤生态学理论和研究成果进行全面总结,为后续土壤生态学研究与技术开发提供前沿和系统的知识储备,为提升土壤生态系统的可持续发展和人类"一体化健康"(One Health)提供重要依据。

"土壤生态学研究前沿"丛书涵盖了土壤生态学研究领域多个前沿方向,包括土壤健康与表征、土壤污染与生态修复、元素循环与养分调控、土壤生物互作与效应、全球变化与土壤生态演变、土壤生态学研究技术与应用等前沿理论和创新方法,提供了全面、系统、前沿的土壤生态学知识体系。这套丛书凝聚了土壤微生物、土壤生物化学、土壤生态学等相关领域专家的智慧,具有较强的前沿性、实用性,可为土壤生态学研究提供借鉴和参考。希望"土壤生态学研究前沿"丛书的出版,能够对从事土壤学研究的人员和社会各界有所启发,促进土壤生态领域的人才培养和技术发展,同时为推动土壤健康行动目标的实现奠定基础。

由于编著者的学术水平有限,丛书尚存进步和完善的空间,编著者也希望和广大读者一起开展交流讨论,不断提升丛书的学术水平。

是以为序!

# 前　言

　　我国水稻的种植已经持续了数千年,长期的人为耕作和外源有机、无机肥料的添加使得稻田中营养含量维持在较高水平,加之稻田轮作过程周期性的水旱交替,使得稻田在碳、氮等元素的生物地球化学循环中发挥着重要作用,如:稻田土壤干湿交替的环境与生产实践干预已使得稻田成为土壤氮素厌氧转化的热点区域。反硝化、厌氧氨氧化、厌氧氨氧化协同铁还原(简称铁氨氧化)等厌氧转化是土壤氮损失途径之一,其对提高土壤肥力和质量,以及降低环境负面影响具有重要意义。厌氧氨氧化和铁氨氧化是近几年研究者新发现的氮素厌氧转化途径。当前,对于稻田土壤的厌氧氨氧化和铁氨氧化过程及机制研究仍较为缺乏。本书在国内外对氮素厌氧转化研究的基础上,着重于稻田土壤,运用 $^{13}C$、$^{15}N$ 等同位素标记法,探究稻田土壤中氮素厌氧转化速率及其对 $N_2$ 产生的贡献率,探索氮素厌氧转化途径的关键限制因素。

　　在土壤生态系统中,微生物是整个生态系统物质循环和能量流动的重要参与者、维持者和贡献者,承担了碳、氮循环等多种重要的生态系统功能。在微生物学领域,纯培养的方法是研究微生物生理学和遗传学特性行之有效的经典方法。然而,在复杂的土壤条件下,能直接纯培养的微生物只占土壤总量的很少一部分,因此,基于富集培养的研究方法会低估土壤微生物的多样性。借助分子生物学手段[如定量聚合酶链反应（PCR）、克隆测序、DNA 稳定性同位素探针（DNA-SIP）等]探究土壤微生物的多样性，能打破传统纯培养方法的限制。因此，本书基于多个肥料长期定位试验，选取不同施肥处理下的原位稻田土壤，解析氮循环过程不同反应途径的速率及其微生物群落丰度和多样性的分布，进一步寻找氮素厌氧转化过程化学反应表象下的微生物驱动机制，以期为完善稻田生态系统中氮循环过程及相关机制提供理论支撑。

本书中多个肥料长期定位试验的管理得到了万里神农肥料有限公司的支持。本书的出版，是集体劳动和智慧的结晶，我们衷心希望本书能为从事稻田土壤生态系统氮循环研究工作的学者提供一定的参考。由于学术水平有限，书中难免有疏漏之处，期待有关专家和广大读者给予指正。

编　者

2023 年 11 月

# 目　录

## 第1章　绪　论

## 第2章　稻田土壤厌氧氨氧化过程和 $N_2$ 的产生

## 第3章　稻田土壤厌氧氨氧化的微生物群落

# 第4章　稻田土壤厌氧氨氧化与有机碳

———

# 第5章　稻田水分管理下的厌氧氨氧化过程

———

# 第6章　稻田土壤的铁氨氧化途径

———

# 第7章　稻田土壤的铁氨氧化微生物群落

# 第8章　电子穿梭体对铁氨氧化过程的调控机制

# 第9章　稻田土壤氮素厌氧转化途径的相互关系

# 第1章　绪　论

## 1.1　土壤氮素与氮素转化

氮素是构成生命体的重要元素,土壤供氮不足会引起作物产量和品质下降,可通过施加氮肥促进作物对氮素的吸收。但氮肥施用过剩会引起土壤肥力、质量下降,并对水体、大气环境造成不良影响。因此,了解土壤氮素的转化过程及损失途径、探究合理可行的调控机制,对粮食增产、环境保护乃至生态文明建设均具有重大的意义。

我国土壤缺氮问题十分普遍,第二次全国土壤普查数据显示,我国有54.94%的土壤全氮含量小于0.1%(黄鸿翔,2005)。为了提高作物产量,我国在农业生产中大量施用氮肥,是世界上氮肥施用量最大的国家。与之相对的是,我国氮肥当季表观利用率不高,这意味着大量的氮素会残留在土壤中,经一系列转化过程后以气体的形式($NH_3$、$N_2O$、$N_2$等)损失,或通过淋溶或径流($NO_3^-$)进入水环境中,进而引起水体富营养化、地下水硝态氮积累和毒害、温室效应等环境问题。

土壤中氮素可分为无机态氮和有机态氮。氮素经由生物固氮、有机肥料或氮肥施用、动植物残体归还,以及雷电、降雨等途径进入土壤。表层土壤中95%的氮素为有机态氮,但其不能直接被植物吸收,需经由土壤微生物的矿化作用分解为无机态氮,才能被吸收进入生物体内。土壤中无机态氮包括硝态氮($NO_3^-$)、亚硝态氮($NO_2^-$)、铵态氮($NH_4^+$)、气态氮($N_2$、$N_2O$、$NO$)。硝态氮($NO_3^-$)和铵态氮($NH_4^+$)影响土壤肥力、质量和作物吸收。在有氧条件下,$NH_4^+$通过硝化反应分为两个步骤被氧化,第一步先转化成亚硝酸盐,第二步转化为硝酸盐(Purkhold et al.,2000)。土壤中的$NO_3^-$除了可以被植物吸收利用外,还可以通过反硝化、厌氧氨氧化等过程在缺氧条件下还原成分子态氮。气态氮($N_2$、$N_2O$、$NO$)则是氮损失的主要形式之一,氮气进入大气中结束整个氮素的循环(图1.1)。因此,土壤氮素之间的形态转化与土壤供氮水平息息相关。

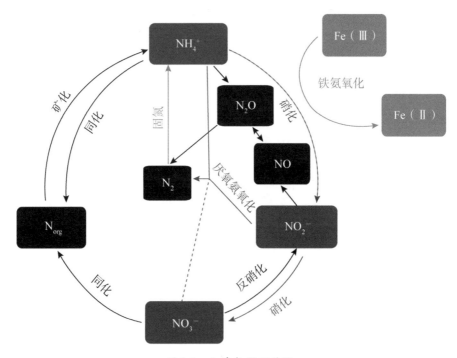

图1.1 土壤氮循环过程

## 1.1.1 大气氮素固定过程

固氮(nitrogen fixation)是将空气中游离态的 $N_2$ 转化为含氮化合物的过程。如与豆类植物共生的根瘤菌能吸收大气中的氮气分子,将其转变成氨及铵离子。土壤条件下,除含氮有机物质分解进入氮循环外,很大一部分输入的氮素来源于氮素的固定过程。大气约78%的组分为分子态氮($N_2$),但分子态氮并不能直接被植物体利用,大气中的 $N_2$ 必须先经过固氮作用,变成易于利用的无机态氮,才能进入土壤参与氮素的生物地球化学循环过程。

氮素的固定过程是由原核生物驱动的高耗能过程,能够将 $N_2$ 转换成 $NH_3$ 并固持在土壤中,从而进一步供植物、动物和微生物利用。该过程主要受两种不同的蛋白调控,一种是受 $nifH$ 基因编码的 Fe-蛋白,另一种是受 $nifD$ 和 $nifK$ 基因编码的 Mo-Fe 蛋白。其反应方程如下:

$$N_2 + 8H^+ + 8e^- + 16ATP \longrightarrow 2NH_3 + H_2 + 16ADP + 16Pi$$

氮素的固定过程是氮循环过程中连接大气和土壤两个生态系统的重要媒介,完成了从最稳定气态氮素形态向动植物可利用的无机氮素形态的跃变,开始了氮素在土壤中的生物地球化学循环。

## 1.1.2 土壤硝化过程

硝化作用是指在有氧的条件下,经亚硝酸细菌和硝酸细菌的作用,氨被转化成硝酸的过程。硝化作用分为两个阶段进行,第一阶段是氨被氧化为亚硝酸,靠亚硝酸细菌完成,$NH_4^+ + O_2 \rightarrow NO_2^- + 4H^+$;第二阶段是亚硝酸被氧化为硝酸,靠硝酸细菌完成,$NO_2^- + H_2O \rightarrow NO_3^- + 2H^+$。亚硝酸细菌和硝酸细菌统称为硝化细菌。其反应方程可化为:$NH_4^+ + 2O_2 = NO_3^- + 2H^+ + H_2O$。可见,每一个 $NH_4^+$ 离子氧化为 $NO_3^-$ 的过程要释放 $2H^+$,是引起土壤酸化的原因之一。硝化作用广泛存在于土壤、水域和沉积物的生态系统中,这一过程与作物生产、氮循环、废水处理和环境保护均有密切的关系。

在早期的研究中,氨氧化细菌被认为是氨氧化过程中唯一的参与者,直到后来一些研究又揭示了许多参与该过程的微生物菌群,如氨氧化古菌、异养细菌、真菌和厌氧氨氧化细菌。有研究表明,在某些生态系统中,氨氧化古菌的丰度和多样性比氨氧化细菌更加丰富(Leininger et al.,2006;Martens-Habbena et al.,2009)。因此,土壤中进行亚硝化作用和硝化作用的微生物种类很多,包括多种细菌、真菌、放线菌。当通气条件良好,土壤水分含量相当于田间持水量的50%~70%,土壤的pH为7~9,土温在35℃左右,土壤中C/N<20时,这些微生物活动旺盛。如有微量元素Cu、Mo存在,能大大促进硝化作用。在通气良好的情况下,亚硝化作用和硝化作用相互衔接,一般硝化作用的反应速率大于亚硝化作用,而亚硝化作用的反应速率又大于氨化作用。因此,在一般土壤中,很少有亚硝态氮和铵态氮大量累积的情况。但当大量施用化学氮肥(如氨水、尿素)或大量施用易分解的幼嫩豆科绿肥时,有可能会有 $NH_4^+$ 的累积,对硝化细菌产生毒害作用,使亚硝态氮的氧化受到抑制,引起土壤中亚硝态氮的累积而不利于植物生长,造成死苗现象(尤其是在幼苗期)。

## 1.1.3　土壤反硝化过程

土壤中的反硝化作用包括生物的和化学的反硝化作用,但主要是生物反硝化作用。生物反硝化过程是指在厌氧条件下,微生物将硝酸盐及亚硝酸盐还原为气态氮化物和氮气的过程,是活性氮以氮气形式返回大气的主要生物过程。其反应方程为: $4NO_3^- + 5(CH_2O) + 4H^+ \longrightarrow 2N_2 + 5CO_2 + 7H_2O$。在反硝化过程中,硝酸盐会在缺氧条件下通过特定的酶逐

步生成 $N_2$，主要包括四个步骤：$NO_3^- \rightarrow NO_2^- \rightarrow NO \rightarrow N_2O \rightarrow N_2$。

生物反硝化作用由反硝化细菌进行，然而，反硝化细菌不是细菌分类学上的名词，而是具有将 $NO_3^-$ 还原成 $NO_2^-$、NO、$N_2O$ 和 $N_2$ 功能的微生物群的总称。反硝化细菌在主要的系统发育类群中都有被发现。土壤中已知的能进行反硝化作用的微生物有 24 个属，分别是：不动杆菌属、葡萄酸杆菌属、微球菌属、假单胞菌属、螺菌属、噬纤维菌属、丙酸杆菌属、产碱杆菌属、芽孢杆菌属、莫拉氏菌属、无色杆菌属、棒杆菌属、红假单胞菌属、硫杆菌属、根瘤菌属、黄杆菌属、盐杆菌属、生丝微菌属、副球菌属、固氮螺菌属、黄单胞菌属、弧菌属、色杆菌属和亚硝化单胞菌属。绝大多数反硝化细菌是异养细菌，但也有少数自养细菌（如脱氮硫杆菌）。它们常存在于土壤和海洋生态系统中。反硝化过程不仅有细菌参与，而且还有古菌和真菌（如尖孢镰刀菌）参与。

反硝化过程是先将 $NO_3^-$ 还原成 $NO_2^-$，$NO_2^-$ 再还原成中间产物（$N_2O$、NO），最终产生 $N_2$。这些气态产物可以从土壤中直接排放到大气中，并对大气造成一定影响（$N_2O$ 是温室气体）。土壤中硝态氮的反硝化不仅引起农业中氮素的损失，每年给农民造成巨大的直接经济损失，而且过程中产生的 $N_2O$ 和含氮气体还会影响大气环境，因此，科学家们一直在努力寻找控制土壤氮素反硝化损失的途径。近几十年来，虽然已经开发了多种硝化抑制剂，其中一些对于减少 $N_2O$ 的释放有明显效果，但是对于控制土壤氮素反硝化总损失有显著效果的抑制剂并不多见。其原因比较复杂，最主要的可能是土壤中能进行反硝化作用的微生物种群很多，催化硝酸盐还原的酶体系也很复杂。

## 1.1.4　土壤厌氧氨氧化过程

长久以来，人们一直认为硝化作用中的氨氧化过程只在有氧条件下发生。20世纪90年代中期,荷兰的莫尔德(Moulder)小组发现,氨可以作为电子供体直接参与亚硝酸盐的反硝化作用,这个过程被定义为厌氧氨氧化(anaerobic ammonium oxidation, Anammox)。随后, Van 等(1997)利用氮同位素标记技术研究了厌氧氨氧化的可能代谢途径,研究表明,作为电子受体的$NO_2^-$被还原为羟胺,氨和羟胺在肼合成酶(Hzs)的作用下形成中间产物肼,肼在肼氧化酶作用下被氧化产生氮气。自从在反硝化系统中发现厌氧氨氧化过程之后,我们对氮循环过程有了进一步的认知。该过程在湖泊、江河和海洋中的存在被陆续报道,并且这一发现从一定程度上解释了困惑海洋工作者多年的有关全球氮循环和氮通量计算中氮不平衡的疑问。它打破了人们对传统氮循环模式的认识,受到国际社会的广泛关注。随后研究者对湿地、陆地生态系统等多变的自然环境中的厌氧氨氧化过程进行了广泛研究。作为公认的脱氮途径,厌氧氨氧化过程广泛存在于缺氧的自然环境中。

厌氧氨氧化(Anammox)是在缺氧条件下,$NH_4^+$和$NO_2^-$直接反应生成氮气并释放到大气中的过程(Arrigo, 2005; Brandes et al., 2007)。其反应方程如下:

$$NH_4^+ + 1.32NO_2^- + 0.066HCO_3^- + 0.13H^+ \longrightarrow 0.26NO_3^- + 1.02N_2 + 0.066CH_2O_{0.5}N_{0.15} + 2.03H_2O\ (\Delta_r G_m = -357kJ \cdot mol^{-1})$$

在厌氧氨氧化过程中,微生物以$CO_2$为碳源,$NO_2^-$为电子受体,将$NH_4^+$直接氧化成$N_2$。羟胺($NH_2OH$)和肼($N_2H_4$)被鉴定为厌氧氨氧化过程的代谢产物。厌氧氨氧化过程需要严格的厌氧环境。Kuenen(2008)的研究证明,即使在大气中氧气含量仅为0.5%的条件下,Anammox细菌的生长仍会受到抑制。由于Anammox细菌倍增时间为11天,因此氧含量条件对该反应至关重要。目前,Anammox细菌只能通过富集培养的方式获得,无法分离得到纯培养体。人们最初认定Anammox细菌是严格的自养微生物,以亚硝酸盐为还原物将 $CO_2$ 固定生成硝酸盐,但有些 Anammox 细菌(*Anammoxoglobus*、*Brocadia*、*Kuenenia*)具有更多的代谢方式,它们也可以通过异化硝酸盐还原生成铵态氮来氧化有机酸,并且可以进行厌氧的锰和铁氧化。Anammox 细菌在 6~43℃ 是存在活性的,37℃ 是其最佳的生存环境。但最近的研究发现,在 52℃ 的温泉水中,也存在 Anammox 过程(Jaeschke et al.,2009),甚至在 85℃ 的深海热泉中,Anammox 过程依然存在(Byrne et al.,2009)。Anammox 过程一般发生在 pH 6.7~8.3,pH 8 为最佳条件。Anammox 细菌对于铵盐和亚硝酸盐的底物亲和性较高,亲和力常数小于 $10\mu mol \cdot L^{-1}$。当氧浓度>0.5% 时,Anammox 活性会被抑制,但这种抑制是可逆的;当亚硝酸盐浓度高于 $20mmol \cdot L^{-1}$ 时,Anammox 活性被抑制,且该抑制是不可逆的。

Anammox 细菌是属于浮霉菌门(Planctomycetes)的一类细菌,它是在水生环境中被发现的,同时也是土壤微生物群落的重要组成部分。Anammox 细菌在各种水生生态系统中的氧化还原过渡区具有很高的活性,对 $N_2$ 的产生有显著的贡献。Anammox 细菌对废水处理系统中 $NH_4^+$ 的去除和水环境生态系统中 $N_2$ 的形成至关重要。国际上关于 Anammox 反应的研究主要集中在海洋生态系统且十分成熟,对淡水环境的研究主要集中于湖泊生态系统,对于陆地生态系统中 Anammox 细菌的多样性、丰度、分布和活性仍然需要更详细的探究。目前,在农业生态系统中有关 Anammox 过程的研究相对较少,最近几年关于稻田土壤的 Anammox 过程的研究在慢慢增加。Zhu 等(2011)通过对长期施肥稻田土壤的研究发现,Anammox 过程可能占土壤氮损失的 4%~37%。

## 1.1.5 土壤铁氨氧化过程

Anammox 反应的发现为自然界氮素转化提供了新的认识。随着研究的深入,研究者们发现在厌氧条件下除了$NO_2^-$可以作为氨氧化的电子受体,Anammox细菌也可能利用其他电子受体如锰离子、硫酸盐和有机酸等氧化$NH_4^+$。也有研究者发现在自然界中存在着$Fe^{3+}$与$NH_4^+$反应的现象,并将其定义为铁氨氧化(Feammox),但对其反应机制并没有达成共识。

目前,一般将铁氨氧化定义为在厌氧条件下,微生物将$Fe^{3+}$作为电子受体氧化$NH_4^+$,生成$N_2$、$NO_2^-$或$NO_3^-$的过程。Shrestha等(2009)通过土壤培育试验证实了铁氨氧化的存在。Yang等(2012)首次利用同位素示踪和乙炔抑制法在森林土壤中证明了铁氨氧化可以直接产生$N_2$(Yang et al.,2012),揭示了铁氨氧化过程以$N_2$、$NO_2^-$和$NO_3^-$为终产物的三条不同反应途径(图1.2)。近年来,这一过程相继在稻田、湿地、河岸带、河流沉积物等自然环境中被发现(Ding L J et al.,2014;Li et al.,2015;Huang et al.,2016;Ding B J et al.,2019)。研究表明,由土壤铁氨氧化造成的氮损失分别占到农田氮肥施用量的3.9%~31%和长江无机氮输入量的3.1%~4.9%(Ding L J et al.,2014;Li et al.,2015)。由此可见,土壤铁氨氧化在农田氮循环中起着重要作用。根据其终产物的不同,反应方程如下:

$$3Fe(OH)_3+5H^++NH_4^+ \longrightarrow 3Fe^{2+}+9H_2O+0.5N_2 \qquad \Delta_rG_m=-245kJ\cdot mol^{-1} \quad (1)$$

$$6Fe(OH)_3+10H^++NH_4^+ \longrightarrow 6Fe^{2+}+16H_2O+NO_2^- \qquad \Delta_rG_m=-164kJ\cdot mol^{-1} \quad (2)$$

$$8Fe(OH)_3+14H^++NH_4^+ \longrightarrow 8Fe^{2+}+21H_2O+NO_3^- \qquad \Delta_rG_m=-207kJ\cdot mol^{-1} \quad (3)$$

其中,直接以$N_2$为终产物的反应(1),因其具有热力学优势且适应较为广泛的pH条件,被认为是铁氨氧化的主反应。以$NO_2^-$和$NO_3^-$为终产物的两个反应(2)和(3),通常被认为只能在pH<6.5的条件下发生。有机碳(TOC)、溶解氧(DO)和铁氧化物形态等因素被证明能显著影响铁氨

氧化活性。铁氨氧化的发生机制遵循"电子供体—微生物—电子穿梭体—电子受体"这一经典电子传递理论(图1.3)。其中,电子供体和受体分别为 $NH_4^+$ 和 $Fe^{3+}$,微生物为酸微菌科 A6 菌(Acidimicrobiaceae A6),生物质炭、有机质和蒽醌-2,6-二磺酸钠(AQDS)都被证明具有电子穿梭体的功能。电子传递理论作为驱动铁氨氧化的发生机制,已在不同的生境中得到验证(Yi et al.,2019;Zhou et al.,2016)。

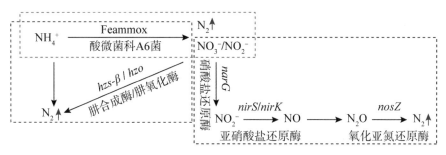

图 1.2 铁氨氧化的不同反应途径

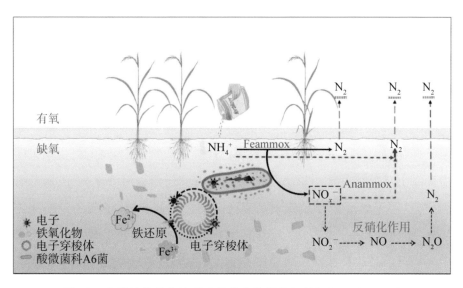

图 1.3 土壤铁氨氧化过程及其微生物调控机制(Yi et al.,2019)

# 1.2　土壤氮素转化速率分析技术

反硝化、厌氧氨氧化、铁氧氨化作用是淹水稻田肥料气态氮损失的主要途径。采用合适的氮素转化分析方法是开展稻田氮素厌氧循环作用研究的前提。然而,由于氮素厌氧转化过程主要产物氮气($N_2$)的大气背景值较高,以及氮素厌氧转化各途径具有高度时空异质性,淹水稻田反硝化、厌氧氨氧化、铁氧氨化作用损失氮量的准确量化一直是阻碍科学评价稻田气态氮损失的关键难题。目前,对于厌氧氨氧化和铁氧氨化途径的研究还处于开始阶段,测定的方法还不完全成熟;关于稻田反硝化的研究虽然已经取得了很大进展,但至今也没有一种被统一认可的标准方法可用来准确测定反硝化作用。目前,在包括稻田在内的湿地生态系统中常用的氮素转化速率的测定方法有乙炔抑制法、稳定性同位素示踪法及乙炔抑制法联合同位素示踪法等。

## 1.2.1　乙炔抑制法

乙炔抑制法通常用于土壤反硝化速率的测定。方法原理:一定浓度的乙炔(体积浓度>1%,常为10%)能够抑制土壤中氧化亚氮还原酶的活性,阻断$N_2O$向$N_2$的还原,从而使得$N_2O$成为反硝化的主要终产物(图1.4)。由于$N_2O$的大气背景值很低,容易测定,可以通过测定$N_2O$的产生量来间接推算出反硝化速率。该方法具有简单、直接、检测灵敏度高、成本低等优点,适用于大批量样品测定。因此,乙炔抑制法被广泛用于反硝化作用研究,特别是反硝化潜势和反硝化酶活性的测定。例如:丁洪等(2003)采用乙炔抑制法比较了福建省4种主要红壤性稻田土壤的反硝化潜势,发现灰泥土、浅灰黄泥沙土和灰黄泥土的反硝化潜势无显著差异,而黄泥土的反硝化潜势则显著高于以上3种稻田土壤。

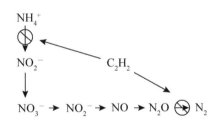

图 1.4　乙炔抑制法测定反硝化速率的原理

　　乙炔抑制法存在难以克服的缺陷：①乙炔同时抑制土壤硝化过程，导致反硝化的底物硝酸盐的供给减少，反硝化强度被低估；②当土壤碳含量较高而硝态氮浓度较低时（上覆水硝态氮浓度小于 $10\mu mol \cdot L^{-1}$），部分对乙炔不敏感的微生物对于 $N_2O$ 的还原作用可能会有所增加，从而使得乙炔抑制效果下降；③乙炔在好氧和厌氧条件下都能发生降解，特别在厌氧条件下的稻田土壤中，导致抑制效果下降，反硝化强度被低估；④高浓度乙炔（大于 0.1kPa）可能促进反硝化产生的 NO 分解或者氧化，使得产生 $N_2O$ 的底物减少，最终导致反硝化作用被低估；⑤乙炔在饱和沉积物/土壤中扩散速率很慢，导致反硝化强度被低估。

## 1.2.2　稳定性同位素示踪法

　　具有相同质子数、不同中子数的同个元素的不同核素互为同位素。同位素可分为稳定性同位素（stable isotope）和放射性同位素（radioactive isotope）两大类。稳定性同位素是指某元素中不发生或者极不易发生放射性衰变的同位素（陈岳龙等，2005）。稳定性同位素是天然存在的一类同位素，因而相关研究可在自然状态下进行。稳定性同位素之间的化学性质没有明显差别，在物理性质上因质量不同而有微小的区别，这使它们在反应前后的同位素组成上有明显不同（陈世苹等，2002）。同位素示踪技术（isotope tracer technique）是从外界加入的、与生物体内元素或物质共同运行的示踪物,用以追踪生物体内某元素或某物质运行或变化的一种方法。稳定性同位素示踪技术是用富集的稳定性同位素标记的化合物作为示踪剂,通过同位素组成分析,追踪生物学过程的研究技术。稳定性同位素和放射性同位素均可用来示踪,但在实际应用中,稳定性同位素具有放射性同位素无法比拟的优越性,如安全、无辐射、半衰期长、物理性质稳定等。稳定性同位素的检出测定一般是较困难的。由于光谱法的发展,稳定性同位素(如$^{15}$N)检出的灵敏度提高,且较简便,从而提高了稳定性同位素的利用率。联合使用两种以上的同位素的方法,被称为双标记法。

## 1.2.2.1　用于土壤反硝化速率的测定

$^{15}$N同位素示踪法包括$^{15}$N平衡差值法($^{15}$N-balance technique)和$^{15}$N示踪气体直接测定法[$^{15}$N-($N_2$+$N_2O$)],是目前稻田反硝化速率测定的常用方法。$^{15}$N平衡差值法测定反硝化速率的基本原理:假设稻田微区试验氮素的径流、淋洗损失可忽略不计,气态氮损失可以视为唯一氮损失途径。将施入土壤的$^{15}$N标记肥料氮总量减去水稻吸收土壤残留、氨挥发的$^{15}$N量之和,最后结果作为反硝化损失氮量(也称为表观反硝化损失氮量)。该方法的主要优点是水稻吸收、土壤残留、氨挥发的$^{15}$N量测定结果较为可靠,在不存在淋洗和径流损失时结果可信度好。主要缺点是施入土壤的肥料$^{15}$N与土壤中的背景$^{14}$N会发生交换效应,再加上同位素分馏效应,最终可能导致测定结果相比于真实情况偏低。此外,水稻吸收、土壤残留、氨挥发等$^{15}$N量的测定误差直接导致间接推算的反硝化损失氮量累计误差偏高。

$^{15}$N示踪气体直接测定法能应用于更多土壤氮素转化过程的研究,使氮素转化概念模型更趋完善。近年来,该方法在计算土壤氮素转化过程中得到了越来越广泛的应用。$^{15}$N示踪气体直接测定法基本原理:假设添

加到土壤中的 $^{15}$N 标记肥料可以在土壤中快速均匀扩散,向土壤中添加高丰度的 $^{15}$NO$_3^-$ 或 $^{15}$NH$_4^+$,然后通过质谱仪直接测定 $^{28}$N$_2$、$^{29}$N$_2$ 和 $^{30}$N$_2$ 等的产生量来计算氮素厌氧转化速率及其对 N$_2$ 释放的潜在贡献率。该方法最早于 20 世纪 50 年代被用于测定反硝化速率,具有灵敏度高、土壤扰动较小的优点。目前,该方法被广泛应用于各种类型土壤的反硝化速率测定。通常与乙炔抑制法联合,用一个密闭气室定时采集土壤所释放的气体,来测定土壤厌氧氨氧化和铁氨氧化速率。此方法也存在一些缺点,如土壤的高度异质性导致 $^{15}$N 标记底物很难在目标土壤中快速均匀扩散,也就很难确保外加 $^{15}$NO$_3^-$ 或 $^{15}$NH$_4^+$ 与土壤中原有 NO$_3^-$ 或 NH$_4^+$ 快速均匀混合,最终导致测定结果可能与真实情况有偏差;同位素分馏效应的发生(如土壤微生物优先利用轻质同位素)也可能增加该方法测定结果的不确定性;外加 $^{15}$NO$_3^-$ 或 $^{15}$NH$_4^+$ 增加了底物浓度,对土壤氮素转化产生刺激作用,该现象在氮源相对比较匮乏的土壤中尤甚。因此,该方法更适用于氮源相对充裕的农田土壤,例如稻田土壤。该方法需采用质谱分析仪测定培养产物 $^{28}$N$_2$、$^{29}$N$_2$ 和 $^{30}$N$_2$ 的含量,进而计算其释放速率。但是,该方法可能存在 $^{15}$N 和 $^{14}$N 同位素库的不完全混合问题。近年来,随着 N 同位素测定技术的日益成熟,该领域的研究成果不断出现。

### 1.2.2.2　用于土壤厌氧氨氧化速率的测定

厌氧氨氧化是全球氮循环的新内容,是厌氧条件下 NH$_4^+$ 与 NO$_2^-$ 反应直接生成氮气的过程,其具体反应过程可表示为:NH$_4^+$+1.32NO$_2^-$+0.066HCO$_3^-$+0.13H$^+$ $\longrightarrow$ 0.26NO$_3^-$+1.02N$_2$+0.066CH$_2$O$_{0.5}$N$_{0.15}$+2.03H$_2$O。在厌氧条件下,土壤中同时发生反硝化过程。反硝化反应是反硝化细菌将 NO$_3^-$ 还原为 N$_2$O 和 N 的过程,反应过程为:NO$_3^-$→NO$_2^-$→NO→N$_2$O→N$_2$。在厌氧条件下,厌氧氨氧化反应和反硝化反应均产生氮气,但二者的反应机制不同。厌氧氨氧化反应产生的 N$_2$ 来自 NH$_4^+$ 和 NO$_2^-$;而反硝化反应产生的氮气为硝态氮经由一系列的中间反应产生，均来自$NO_3^-$。因此，利用$^{15}N$同位素示踪法，通过氮气中的不同组分（$^{28}N_2$、$^{29}N_2$、$^{30}N_2$）可以将厌氧氨氧化和反硝化产生的氮气区分开。本书介绍的测定方法是在Thamdrup等（2002）的海底沉积物厌氧氨氧化试验分析方法基础上，根据稻田土壤特性改进的。利用稳定性同位素（$^{15}N$）示踪法测定稻田土壤厌氧氨氧化速率，有几个关键步骤：预培养消耗底物$NO_x^-$、同位素添加、厌氧培养、样品转移和测定、制作标准曲线与计算。主要测定流程如图1.5，详细测定方法如下。

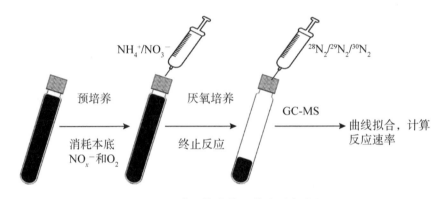

图1.5　土壤厌氧氨氧化简要测定流程

（1）样品采集：采用多点少量的方法，每个样点采集约0.5kg稻田土壤样品。样品收集于自封袋内，采样时应注意排出采样袋内多余的空气，尽量混匀。同时采集原位水，远距离长时间运输时注意尽量盛满。带回实验室后应尽快分析。短时间存放可以置于4℃冰箱内。记录采样点温度信息。

（2）称样、添加原位水和曝气：称取3.0~3.5g稻田土壤样品置于12mL柱状培养管中，培养管内事先放入2颗0.5mm的玻璃珠以利于反应时充分混匀样品，称样时注意尽量将样品放至培养管底部。称样前取大于500mL的原位水于曝气装置内，用高纯氮气充气约15min至氮气饱和。

调节装置,通过针头往已经称好样品的12mL管内添加充满氮气的原位水,注意从培养管底部添加至恰好不溢出,此时要用针头轻轻搅动管内样品以尽量排除样品中的气体。添加原位水和搅动过程中针头须始终在液面以下。盖好丁基橡胶塞,轻轻旋转培养管而非塞子,此时塞子上部略微鼓起。摇晃培养管,倒立观察管内是否还残存气泡,若有气泡则需重复排气,补充原位水,盖好丁基橡胶塞。

(3)预培养消耗底物$NO_x^-$:正式试验前应先预培养消耗底物$NO_x^-$和$O_2$。由于不同稻田土壤$NO_x^-$含量有差异,应确保底物消耗完全后才能开始同位素标记实验。培养温度尽量与采样当天一致。预培养实验中,采用旋转培养器培养至$NO_x^-$消耗殆尽。

(4)同位素添加:添加稳定性同位素溶液之前的溶液需曝气至氮气饱和。试验共有三个处理:①仅添加$^{15}NH_4^+$的阴性对照(处理1),证明样品中的$NO_x^-$已经消耗殆尽;②同时添加$^{15}NH_4^+$和$^{15}NO_3^-$(处理2),证明发生厌氧氨氧化反应;③仅添加$^{15}NO_3^-$(处理3),用于拟合厌氧氨氧化反应产生的$N_2$曲线。每个处理重复三次。添加样品时用针头略微插入管内至有少量溶液流出,然后用针头稍长的1mL注射器注入相应体积的同位素溶液,此时注射器针头要完全插入管内,保证同位素完全加入。添加同位素溶液后拔出针头,确保无同位素溶液损失。同位素样品添加顺序:先加培养时间较长的样品,最后添加0h样品,利于减少时间误差。培养结束后添加200μL 7mol·$L^{-1}$的氯化锌终止反应。加氯化锌后的终止液可以长时间放置。同位素浓度为12mmol·$L^{-1}$,添加体积为100μL,柱状培养管内的同位素最终浓度约为100μmol·$L^{-1}$。

(5)样品转移和测定:该步骤需在厌氧培养箱内完成。测样前,用5mL注射器抽取各处理反应终止液2mL并注入事先充满氦气的新的12mL柱状培养管中,同时抽出2mL气体(氦气)以维持气压平衡。上机测定前,剧烈摇晃1min以保证氮气充分释放。

（6）标准曲线的制作:用空气饱和的蒸馏水装满12mL柱状培养管,用注射器抽取2mL蒸馏水并注入充满氦气的新的12mL柱状培养管内,此步骤应在充满氦气的厌氧培养箱内进行。平衡气压后用微量注射仪分别添加0、30μL、60μL、100μL不同体积的空气,根据峰面积制作大气中的$^{28}N_2$、$^{29}N_2$、$^{30}N_2$标准曲线。

（7）稳定同位素质谱仪测定:通过稳定同位素质谱仪进行气体分析。质谱仪的基本工作条件为:真空度$<1 \times 10^{-7}Pa$;离子加速电压10kV,发生电离电压120V;$^{28}N_2$、$^{29}N_2$、$^{30}N_2$的离子流强度放大倍数分别为$3 \times 10^8$、$3 \times 10^{10}$、$1 \times 10^{11}$。

# 1.3　土壤氮素厌氧转化途径的微生物群落

目前的研究表明,反硝化、厌氧氨氧化、铁氨氧化等氮素厌氧转化途径均为微生物驱动,几种特定的功能微生物与功能基因在氮素厌氧转化过程中发挥了巨大作用(表1.1)。

表 1.1　土壤氮素厌氧转化主要功能微生物与功能基因

| 功能微生物 | 功能基因 | 编码的蛋白质 | 作用的过程 | 催化步骤 |
|---|---|---|---|---|
| 分布在变形菌门、放线菌门、拟杆菌门和厚壁菌门等 | narG | 硝酸盐还原酶 | 反硝化 | $NO_3^- \rightarrow NO_2^-$ |
| | nirS | 亚硝酸盐还原酶 | 反硝化 | $NO_2^- \rightarrow NO$ |
| | nirK | 亚硝酸盐还原酶 | 反硝化 | $NO_2^- \rightarrow NO$ |
| | norB | 氧化氮还原酶 | 反硝化 | $NO \rightarrow N_2O$ |
| | nosZ | 氧化亚氮还原酶 | 反硝化 | $N_2O \rightarrow N_2$ |
| 浮霉菌门 | hzs-β | 肼合成酶 | 厌氧氨氧化 | $NH_4^+ \rightarrow N_2H_4$ |

| 功能微生物 | 功能基因 | 编码的蛋白质 | 作用的过程 | 催化步骤 |
|---|---|---|---|---|
| | *hzo* | 肼还原酶 | 厌氧氨氧化 | $N_2H_4 \rightarrow N_2$ |
| 酸微菌科 A6 菌 | | | 铁氨氧化 | $NH_4^+ \rightarrow N_2$ |
| 铁还原细菌(FeRB) | | | 铁氨氧化 | $Fe(Ⅲ) \rightarrow Fe(Ⅱ)$ |

## 1.3.1　土壤反硝化微生物群落

土壤反硝化微生物群落由一系列具备反硝化功能的多源异养微生物组成。目前,已发现具备反硝化功能的微生物超过60个属(Philippot et al.,2007),在土壤中发现24个属,大部分分布在变形菌门(Proteobacteria),另外放线菌门(Actinomycetes)、拟杆菌门(Bacteroidetes)和厚壁菌门(Firmicutes)中都有反硝化细菌的存在。

鉴于反硝化微生物的多源性,目前还没有基于16S核糖体RNA(ribosomal RNA,rRNA)对反硝化微生物进行分析的特定引物,因此,相关研究均只能针对不同过程的功能基因进行检测。完整的反硝化过程,从硝酸盐还原到氮气产生,主要有四种不同的酶参与,分别为硝酸盐还原酶、亚硝酸盐还原酶、氧化氮还原酶和氧化亚氮还原酶,分别由 *narG*、*nirS/nirK*、*norB* 和 *nosZ* 基因所编码(表1.1)。对于反硝化相关功能基因的研究,是目前研究反硝化过程行之有效的方法。

## 1.3.2　土壤厌氧氨氧化微生物群落

厌氧氨氧化细菌是一类生长缓慢的微生物,倍增时间长达11天,适宜生长温度为37℃,最适pH为8,对铵根离子和亚硝酸盐底物具有极高的亲和性(Jetten et al.,1998)。厌氧氨氧化细菌是属于浮霉菌门(Planctomycetes)的一类细菌,被证明在各种水生生态系统的氧化还原过渡区有较高的活性,且对氮损失量有显著的贡献(Schmid et al.,2000;Kuypers et al.,2005)。目前已鉴定的 Anammox 细菌均属于浮霉菌门 Brocadiales 目,包括以下5个属:*Candidatus Brocadia*、*Ca. Kuenenia*、*Ca. Anammoxoglobus*、*Ca. Jettenia* 和 *Ca. Scalindua*。

利用特异性功能基因鉴别和分析厌氧氨氧化微生物是行之有效的方法。对厌氧氨氧化微生物群落的分析通常基于16S rRNA 基因水平。与此同时,厌氧氨氧化细菌代谢途径中的功能基因也能用来探究和表征其多样性,*hzs*-$\beta$ 和 *hzo* 基因是最为常用的两种。$NH_4^+$ 向肼($N_2H_4$)的转化过程,是厌氧氨氧化过程所特有的代谢路径,受 *hzs*-$\beta$ 基因控制。此外,*hzo* 基因同样对厌氧氨氧化过程至关重要,它控制着肼($N_2H_4$)向反应终产物氮气的转化。目前,基于16S rRNA 或 *hzs*-$\beta$/*hzo* 功能基因的厌氧氨氧化微生物群落分析技术已日趋成熟,利用上述基因的聚合酶链反应(polymerase chain reaction,PCR)克隆文库测序和高通量测序已逐步应用于对其群落多样性的表征研究。

## 1.3.3 土壤铁氨氧化微生物群落

到目前为止,已经发现并被证明能够执行厌氧氨氧化协同铁还原的微生物只有酸微菌科下的一个属。2015年,普林斯顿大学的 Jaffé 教授课题组经过6个月的富集培养,分离并鉴定出了能够同时进行铁氨氧化的微生物,将其命名为酸微菌科 A6菌(Huang et al.,2015)。A6菌属的发现为铁氨氧化研究提供了微生物学基础,具有里程碑意义。土壤 pH 值是对铁氨氧化微生物影响最大的环境因子。从热力学角度分析,pH>6.5条件下,该反应吉布斯自由能($\Delta G$)大于零,反应不可自发,但研究证明在碱性的土壤环境中仍能检测到铁氨氧化活性,这极有可能归功于铁氨氧化微生物的催化作用。

# 1.4　土壤微生物群落分析技术

土壤微生物直接参与土壤中的物质转化,与土壤中的养分循环和植物生长状况密切相关,其变化不仅是土壤生态系统状态的直接反映,也是土壤肥力的具体表现。微生物多样性研究是微生物生态学最重要的研究内容之一。微生物在土壤中普遍存在,对环境条件的变化反应敏感,它能较早地预测土壤养分及环境质量的变化过程,被认为是最有潜力的敏感性生物指标之一。但土壤微生物的种类庞大,使得有关微生物区系的分析工作十分耗时费力。因此,对微生物群落结构的研究主要通过微生物生态学的方法来完成,即通过描述微生物群落的多样性、微生物群落生态学机制及自然或人为干扰对群落产生的影响,揭示土壤质量与微生物数量和活性之间的关系。土壤微生物多样性的研究对象包括土壤生态系统中所有微生物种类、拥有的基因及微生物与环境之间的多样化程度。长期以来,关于微生物多样性的研究层次问题一直存在多种解释,普遍认为应从 3 个层次上综合表述,即物种多样性、遗传多样性和功能多样性。土壤微生物的物种多样性是指土壤生态系统中微生物的物种丰富度;遗传多样性是指物种所具有的各类遗传物质和信息,分别是微生物多样性的直接表现形式和本质反映;功能多样性是指土壤微生物所具备的能力及实现过程,土壤中有机物的分解利用、氮磷等营养元素的释放和传递等都属于此范畴。

土壤微生物的研究方法可以分为两大类:一类是传统的培养和分离方法,主要通过稀释和固体培养基实现微生物的分离;另一类是生物指示分子鉴定法,通过磷脂脂肪酸、RNA 或 DNA 等指示分子的特征来分析微生物生态多样性。

# 1.4.1 传统微生物培养方法

传统微生物培养方法利用含各种营养成分的培养基对微生物进行培养,根据微生物在固体培养基上形成的菌落形态的不同来区分种类,根据菌落计数来统计物种数量。在现代生物技术未兴起时,此种方法对人们初步了解土壤微生物起到了促进作用,然而其缺点非常明显,培养条件的不同对结果的影响很大,且工作量繁重,并不能真实地反映土壤微生物的群落结构和多样性。因为环境中仅有1%~10%的微生物可以被培养,即传统培养法反映的仅是土壤中能在特定培养条件下生存的这部分微生物的信息,所以传统培养法很少被用来反映土壤微生物多样性。虽然传统培养法在研究微生物多样性方面没有优势,但在某些特定功能微生物的驯化和筛选方面具有不可替代的作用而被广泛应用。通过设定微生物的培养环境,在培养过程中将不需要的菌类淘汰,得到具有一定功能的菌类,这就是微生物的驯化和筛选。王晓等(2006)利用传统培养法从土壤中筛选出一株能够降解毒死蜱的细菌,纯化后鉴定为侧芽孢杆菌(*Bacillus latersprorus*),并在纯培养条件下对该菌的降解能力进行研究。顾挺等(2011)利用传统培养法从稻田土壤中筛选出纤维素降解菌,以期对秸秆降解提供帮助。

测定土壤微生物数量的传统方法有平板计数法、微生物生物量等。对土壤中微生物的量,通常用土壤微生物生物量(soil microbial biomass)方法测定。近40年来,关于土壤微生物生物量的研究已成为土壤学研究热点之一。由于土壤微生物的碳含量通常是恒定的,因此采用土壤微生物量碳(microbial biomass carbon, Bc)来表示土壤微生物生物量的大小。土壤微生物量碳不仅对土壤有机质和养分的循环起着主要作用,还是一个重要活性养分库,直接调控着土壤养分(如氮、磷和硫等)的保持和释放及其植物有效性。测定土壤微生物生物量的主要方法为氯仿熏蒸法。将土壤样品和氯仿装入干燥器中,通过真空抽气使气态氯仿在土壤孔隙中扩散。再在黑暗条件下培养,使氯仿与土壤充分接触,从而破坏土壤微生物的细胞膜结构,促进微生物细胞活性组分的释放。熏蒸后,取出氯仿并通过反复真空抽气除去土壤中残留的氯仿。土壤熏蒸后释放的微生物细胞内容物使土壤中可提取碳、氮、磷和硫等大幅度增加,微生物中部分组分(特别是细胞质)在酶的作用下自溶和转化为可用 $K_2SO_4$ 溶液提取的成分。通过 $K_2SO_4$ 溶液提取后,测定提取液中全碳和全氮含量,采用重铬酸钾氧化法或碳-自动分析仪器法测定提取液中的碳含量,以熏蒸与不熏蒸土壤中提取碳增量除以转换系数 $K_{EC}$ 来估计土壤微生物量碳。该方法简单、快速,适用于大批量样品的测定;适用范围广,可以用于酸性、淹水和含有大量易分解有机物土壤的微生物生物量测定,并且可与同位素技术结合,研究土壤和环境的物质循环和转化。

## 1.4.2　磷脂脂肪酸在土壤微生物群落中的应用

在分子生物学技术发展的带动下,微生物研究技术得到了很大提升。生物标记物通常是指微生物细胞的特定生化组成成分,其总量不仅与微生物量呈正相关,而且具特定结构的标记物标志着特定类群的微生物,能够从分子水平上揭示土壤微生物种类和遗传物质多样性。磷脂脂肪酸(phospholipid fatty acid,PLFA)是活体微生物质膜的重要组成成分,不同类型的微生物在不同酶的催化作用下,经不同的生物合成途径生成不同的 PLFA,因而 PLFA 成了研究土壤微生物最为常见的生物标记物。它克服了传统分离方法的局限性,能够较全面地反映微生物的多样性,从而被广泛应用于土壤微生物群落多样性研究中。这种方法在20世纪60年代就被提出,在70年代末被引入土壤微生物的研究中,至今已有40多年的历史。

PLFA方法是利用细胞膜磷脂脂肪酸的种类和数量来辨别微生物多样性的方法。磷脂脂肪酸是细胞膜磷脂的重要组成成分,不同生物的细胞膜含有特异的磷脂以及磷脂脂肪酸。PLFA在微生物体内具有较好的稳定性,但在微生物死后能够迅速被降解。通过分析土壤中PLFA的种类和含量,可以研究特定微生物群落的存在及丰度。林黎等(2014)利用PLFA技术对崇明岛稻田不同围垦年代的微生物多样性进行研究,通过比较总微生物、总细菌、革兰氏阳性菌、革兰氏阴性菌的磷脂脂肪酸含量,发现微生物数量与土壤营养含量呈正相关。然而,PLFA方法也有自身的局限性,不同属甚至不同科微生物的脂肪酸图谱可能发生重叠,因此该方法仅能鉴定到微生物的属,不能详细地确定微生物的具体种,在分析微生物多样性时并不能作为一个绝对指标。PLFA方法在土壤微生物量、微生物群落表征、土壤微生物生理状态和代谢活动等方面的研究中都有广泛的应用。在土壤微生物量方面,相较于氯仿熏蒸和基质诱导呼吸等方法,PLFA方法更偏重于反映有活力的微生物量,而不仅仅是微生物量碳,但对转换因子的选择经常不统一,导致结果差异较大。饱和脂肪酸与不饱和脂肪酸比(S/M)、反式脂肪酸占顺式脂肪酸比(trans/cis)、含环丙基脂肪酸与含前体单不饱和脂肪酸比(cy/pre)及聚羟基丁酸与总脂肪酸比(ph/t)都是在土壤微生物生理状态和代谢活动方面的常用指标。PLFA方法经常被用来分析微生物群落结构组成,以及细菌、真菌及真菌/细菌比等。其中,生物表征的选择显著影响分析的结果,在应用中需重点关注。

PLFA方法得到广泛应用,是因为它有以下几个优点:①能够快速地解读出微生物群落组成是否受到环境变化的影响;②相对于其他方法,能够更敏感地响应微生物群落的变化;③方法已经相对完善和成熟,成本相对较低;④相对于其他方法,能够提供更多微生物表型和活力等生态学层面的信息;⑤适合微生物群落的总体分析,而不是专一的微生物物种研究。但是它仍存在一些不足和问题:①PLFA与微生物群落分类并不是一一对应的;②作为生物表征的PLFA大多是在纯培养实验中发现和研究得出的,多数被应用于原位的研究中,而在复杂的自然原位土壤系统中,PLFA种类和生物表征的对应关系比纯培养要更加复杂,一些PLFA往往同时被多种微生物表达;③仍有未知的具有微生物特征的脂肪酸,这在一定程度上会造成结果的不全面性;④该方法主要通过特征脂肪酸表征微生物群落结构,因此标记上的变动会影响解读的结果。

## 1.4.3 Biolog ECO微平板法在土壤微生物群落研究中的应用

Biolog ECO微平板法是一种从微生物利用碳源多样性的角度研究其功能多样性的方法,它通过微生物对Biolog ECO微平板中不同单一碳源的利用能力来评价某一样品微生物群落功能多样性。Biolog ECO微平板法是一种被广泛用于微生物群落研究的方法。与传统的微生物鉴定相比,该方法不需要进行微生物的培养和纯化,而是通过微生物对不同碳源的利用差异来表征其生理特性,从而反映微生物的种类及群落特征,操作简单、反应快速,且获得的数据非常丰富。该方法利用四唑紫在获得电子后颜色变化的特征来监控和评价微生物对特定底物的代谢能力。一般而言,这类四唑紫获得电子后从无色逐渐变为粉红、紫色、红色、蓝紫色和蓝色;得到电子越多,颜色越深。微生物通过呼吸作用,氧化其所吸收的底物以获得能量,该过程中所产生的电子则易于被四唑紫吸收,从而指示细菌利用底物的过程和程度。Biolog ECO微平板上有96个微孔,每32个为1个重复,每板共计3个重复。32个微孔中,除对照孔外,各孔都含有1种不同的有机碳源和相同含量的四唑紫染料。孔内的有机碳源为微生物的唯一能量来源。微生物接种到微孔后,若能利用碳源,则四唑紫染料会变成紫色。颜色的深浅反映了微生物对碳源的利用能力,间接反映了微生物的群落组成变化。章家恩等(2009)利用Biolog ECO微平板法研究了放鸭对稻田土壤微生物群落功能多样性的影响,结果表明稻田土壤微生物群落的碳源利用能力提高。

## 1.4.4  基于DNA提取的土壤微生物群落分析技术

土壤是微生物生命活动的重要场所,土壤微生物作为土壤的重要组成部分对土壤肥力的形成与植物营养的转化起着积极的作用。土壤微生物大体的群落组成和总的遗传多样性可通过测定群落DNA的解链行为和复性率来确定。基于DNA分析的方法,可以全面地检测出土壤微生物的基因信息。微生物多样性越复杂,DNA的同源性越差,复性率就越低。PCR是1985年由Mullis(穆利斯)发明的一种聚合酶链式反应技术,主要特点是短时间内在实验室条件下人为地控制并特异扩增目的基因或DNA片段,以便于对已知DNA片段进行分析。目前,在微生物多样性领域,研究者们广泛以微生物的16S rRNA保守性基因为基础,设计引物,进行PCR扩增,分析基因序列,研究土壤微生物群落的多样性。其中,基于PCR的克隆文库测序法适合对微生物群落结构变化进行动态跟踪研究,但不适合对微生物群落多样性特征进行"人口普查式"的研究。DNA扩增片段电泳检测技术,如变性梯度凝胶电泳(DGGE),其灵敏度非常高,但有大多数分子技术的缺点,如PCR过程中的误差以及自身的局限性。采用稳定性同位素示踪复杂土壤生命体系的遗传信息(如微生物核酸DNA/RNA),进一步分析 $^{13}C$-DNA/RNA,是揭示土壤生产力可持续发展的分子调控机制,准确认知土壤微生物多样性形成与演化的重要手段之一。稳定性同位素核酸探针(DNA-SIP)技术将稳定性同位素标记技术与DNA、RNA分子技术相结合,可以更准确地了解物质转化过程中相关微生物的信息。然而,DNA/RNA-SIP技术仍处于定性描述阶段,有效分离稳定性同位素标记DNA/RNA并定量判定其标记程度,仍是主要的技术难点。当前,DNA/RNA-SIP技术在我国的应用及研究报道较少。此外,也可利用PLFA作为分子标记,即稳定性同位素标记结合磷脂脂肪酸(PLFA-SIP)技术,研究土壤微生物对环境的影响,这也是有效而快捷的土壤微生物群落分析方法。

### 1.4.4.1 定量PCR在土壤微生物鉴定中的应用

(1)荧光定量PCR原理

荧光定量PCR(qPCR),是指在PCR扩增反应体系中加入荧光基团,对扩增反应中每一个循环产物的荧光信号进行实时检测,最后通过标准曲线对未知模板进行定量分析的方法。以探针法荧光定量PCR为例:PCR扩增时在加入一对引物的同时加入一个特异性的荧光探针,该探针两端分别标记一个报告荧光基团和一个淬灭荧光基团。开始时,探针完整地结合在DNA任意一条单链上,报告基团发射的荧光信号被淬灭基团吸收,荧光监测系统检测不到荧光信号;PCR扩增时,Taq DNA聚合酶将探针酶切降解,使报告荧光基团和淬灭荧光基团分离,从而荧光监测系统可接收到荧光信号,即每扩增一条DNA链,就有一个荧光分子形成,实现了荧光信号累积与PCR产物形成的同步。

(2)方法适用比较

传统的PCR检测在扩增反应后需要进行染色处理及电泳分离,且因只能定性分析,不能准确定量,易污染出现假阳性而应用受到限制。实时荧光定量PCR技术是厌氧氨氧化代谢途径研究过程中一项非常重要的技术,不仅实现了对模板的定量,且具有灵敏度高、特异性和可靠性好、自动化程度高与无污染的特点,已逐渐取代常规PCR。

在荧光定量PCR扩增反应的最初数个循环里,荧光信号变化不大,近似于一条直线。这条直线即是基线,可以是自动生成的,也可以是手动设置的。之后扩增反应会进入指数增长期,此时扩增曲线具有高度重复性。在该阶段,可设定一条荧光阈值线,它可以设定在荧光信号指数扩增阶段任意位置上,但一般会将荧光阈值默认设置为3~15个循环荧光信号的标准偏差的10倍。每个反应管内的荧光信号到达设定的阈值时所经历的循环数被称为Ct值,这个值与起始浓度的对数呈线性关系,且具有重现性。Ct值最大的意义是用来计算目的基因的表达量,此时两个概念容易被提及,即绝对定量和相对定量。绝对定量的目的是测定目的基因在样本中的分子数目,即通常所说的拷贝数;相对定量的目的是测定目的基因在两个或多个样本中的含量的相对比例,而不需要知道它们在每个样本中的拷贝数。诚然,Ct值可以用来计算这两种定量结果,但是绝对定量实验必须使用已知拷贝数的绝对标准品,必须做标准曲线;而相对定量可以做标准曲线,也可以不做标准曲线。绝对标准品制作困难、难以获取,实验室基本选择相对定量的方法来计算相对基因表达量。目前,关于厌氧氨氧化细菌的研究大多通过16S rRNA对厌氧氨氧化细菌进行绝对定量,尚无对代谢过程中重要功能基因进行系统定量的研究。

(3)土壤氮功能基因定量PCR的操作方法

土壤氮功能基因定量PCR的操作方法:利用土壤基因组提取试剂盒(FastDNA® spin kit for soil)提取待测土壤样品的基因组DNA,用普通PCR仪巢式PCR扩增目的基因,用2%琼脂糖凝胶电泳检测扩增结果后,采用具体氮功能目的基因的特异性引物(表1.2)进行扩增。同时,使用超微量分光光度计检测确定功能基因拷贝数的质粒DNA的浓度。将质粒DNA按10倍的梯度稀释,制成标准曲线。使用相关系数和效率分别高于0.98和95%的克隆。使用分离的质粒DNA功能基因的阳性克隆制备

表1.2 氮功能基因引物及扩增条件

| 功能基因 | 引物 | 引物序列 | 扩增条件 | 参考文献 |
|---|---|---|---|---|
| AOB-*amoA* | amoA1F | 5'-STAATGGTCTGGCTTAGACG-3' | 95℃ 2min(×1循环) | (Rotthauwe et al.,1997) |
| | amoA2R | 5'-GCGGCCATCCATCTGTATGT-3' | 94℃ 20s,55℃ 20s, 72℃ 30s(×40循环) | |
| AOA-*amoA* | Arch-amoAF | 5'-GGGGTTTCTACTGGTGGT-3' | 94℃ 2min(×1循环) | (Francis et al.,2005) |
| | Arch-amoAR | 5'-CCCCTCKGSAAAGCCTTCTTC-3' | 94℃ 20s,57℃ 30s, 72℃ 30s(×40循环) | |
| Anammox | Amx368f | 5'-TTCGCAATGCCCGAAAGG-3' | 94℃ 30s(×1循环) | (Schmid et al.,2010) |
| | Amx820r | 5'-AAAACCCCTCTACTTAGTGCCC-3' | 94℃ 5s,56℃ 30s, 70℃ 30s(×40循环) | |
| 酸微菌科 A6菌 | acm342f | 5'-GCAATGGGGGAAACCCTGAC-3' | 94℃ 30s(×1循环) | (Shan et al.,2016) |
| | acm439r | 5'-ACCGTCAATTTCGTCCCTGC-3' | 94℃ 5s,58℃ 30s, 70℃ 30s(×40循环) | |
| *narG* | narGG-F | 5'-TCGCCSATYCCGGCSATGTC-3' | 94℃ 2min(×1循环) | (Bru et al.,2007) |
| | narGG-R | 5'-GAGTTGTACCAGTCRGCSGAYTCSG-3' | 94℃ 5s,58℃ 30s, 72℃ 30s(×40循环) | |
| *nirS* | cd3aF | 5'-GTSAACGTSAAGGARACSGG-3' | 94℃ 2min(×1循环) | (Michotey et al.,2000) |
| | R3cd | 5'-GASTTCGGRTGSGTCTTGA-3' | 94℃ 45s,55℃ 45s, 72℃ 45s(×40循环) | |
| *nirK* | FlaCu | 5'-ATCATGGTSCTGCCGCG-3' | 94℃ 2min(×1循环) | (Hallin et al.,1999) |
| | R3Cu | 5'-GCCTCGATCAGRTTGTGGTT-3' | 94℃ 20s,63℃ 30s, 72℃ 30s(×40循环) | |
| *nosZ* | nosZ-F | 5'-CGYTGTTCMTCGACACGCCAG-3' | 94℃ 2min(×1循环) | (Kloos et al.,2001) |
| | nosZ1622R | 5'-CGSACCTTSTTGCCSTYGCG-3' | 94℃ 20s,58℃ 30s, 72℃ 30s(×40循环) | |

目的基因标准曲线。最后,使用实时荧光定量PCR仪进行目的基因的定量PCR测定,可评估土壤氮功能基因[如氨氧化古菌(AOA)和氨氧化细菌(AOB)的 $amoA$ 基因、肼合成酶关键基因($hzs$-$\beta$)和肼氧化酶基因($hzo$)等]的丰度。

### 1.4.4.2　土壤微生物功能基因组DNA文库的构建

在陆地生态系统中,在土壤中生活着数量庞大的微生物种群,包括原核微生物(如细菌、蓝细菌、放线菌等)和真核生物[如真菌、藻类(蓝藻除外)、地衣等]。它们与植物和动物有着明确的分工,主要扮演"分解者"的角色,几乎参与土壤中一切生物和生物化学反应,是地球C、N、P、S等物质循环的"调节器"。由于土壤微生物的复杂性、土壤本身的多变性和研究方法不完善等因素的限制,以往人们对土壤微生物多样性的研究远远落后于动物、植物。土壤微生物功能基因组DNA文库的构建为直接探究土壤中的微生物群落结构提供了客观而全面的信息。近年来,以16S rRNA/DNA为基础的分子生物学技术已被普遍接受。研究表明,利用读长为400~600bp的碱基序列足以对环境中微生物的多样性和种群分类进行初步的估计。高通量测序技术因其读长(400~500bp)长和准确性高的特点被大量用于微生物多样性的研究。

土壤微生物功能多样性包括微生物活性、底物代谢能力,以及与N、P、S等营养元素在土壤中转化相关的功能等,可通过分析测定土壤中的一些转化过程(如有机碳转化、硝化作用)以及土壤中酶的活性等来了解。Leininger等(2006)检测了3个气候区域12块原始和农业用地的土壤中编码氨单加氧酶(amoA)的一个亚基的基因丰度。采用反向转录定量PCR技术及无需克隆的焦磷酸测序技术对互补DNA测序,证实古细菌的氨氧化活性要远高于细菌,Crenarchaeota可能是土壤生态系统中最富有氨氧化活性的微生物。Urich等(2008)采用基于RNA的环境转录组学方法同时获得土壤微生物群落结构和功能信息,并认为该方法可以避免其他方法所造成的偏差。群落基因组学分析可以通过研究微生物基因组序列与某些表达特征之间的关系,获得一些微生物功能方面的信息。但同时也需要运用其他方法将特定功能与具有这种特定功能的微生物群落结构对应起来。对 rRNA 表达基因和与环境因素相关的主要酶类的基因进行定量化和比较分析,可了解微生物群落结构与特定功能之间的关系,如硝化、反硝化和污染物降解。

把某种生物的基因组 DNA 切成适当大小,分别与载体组合,导入微生物细胞,形成克隆,基因组中所有 DNA 序列(理论上每个 DNA 序列至少有一份代表)克隆的总汇被称为基因组 DNA 文库。基因组 DNA 文库常被用于分离特定的基因片段、分析特定基因结构、研究基因表达调控,还可以用于全基因组物理图谱的构建和全基因组序列测定等。构建基因组 DNA 文库的第一步是制备大小合适的随机 DNA 片段,在体外将这些 DNA 片段与适当的载体相连成重组子,转化到大肠杆菌或其他受体细胞中,从转化子克隆群中筛选出含有靶基因的克隆。为保证能从基因组 DNA 文库中筛选到某个特定基因,基因组 DNA 文库必须具有一定的代表性和随机性,也就是说文库中全部克隆所携带的 DNA 片段必须覆盖整个基因组。在文库构建中通常采用两种策略提高文库代表性:①用机械切割法或限制性内切核酸酶切割法随机断裂 DNA,以保证克隆的随机性;②增加文库重组克隆的数目,以提高覆盖基因组的倍数。通过提取土壤样品中微生物基因组,构建土壤微生物功能基因组 DNA 文库,可用于分析土壤微生物群落结构。

氮素转化功能微生物的基因组 DNA 文库构建方法如下。用普通 PCR 仪对提取的氮功能目的基因进行特异性引物扩增,然后使用 SanPrep 柱式 PCR 产物纯化试剂盒(SanPrep Column PCR Product Purification Kit)纯化 PCR

产物。将纯化的PCR产物在4℃下连接到T1-sample载体中,然后把连接产物转到大肠杆菌感受态细胞中进行转化。37℃培养1h孵育菌液后,4000r·min⁻¹离心1min,吸取并除去部分上清液,将剩余菌悬液全部涂抹于含有氨苄青霉素钠的LB培养基上,37℃倒置培养过夜,用灭菌的10μL吸头在超净工作台中随机挑选白色阳性克隆,接种到新平板中进行高通量测序(图1.6和图1.7)。Illmina公司的HiSeq测序平台的错误率很低,只有0.26%左右(Quail et al.,2012),用QIIME V1.8.0(http://qiime.org/scripts/split_libraries_fastq.html)读取、处理数据(Caporaso et al.,2010)。使用UCHIME Algorithm(http://drive5.com/usearch/manual/uchime_algo.html)确定并去除嵌入的序列(Edgar et al.,2011),Effective tags(有效数据)通过GOLD(Genomes OnLine Database)数据库(http://drive5.com/uchime/uchime_download.html)进行获取(Edgar et al.,2011)。测定的测序结果在美国国家生物技术信息中心(NCBI)数据库中进行BLAST(Basic Local Alignment Search Tool)比对。

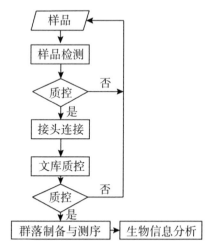

图1.6　高通量测序通体工作流程

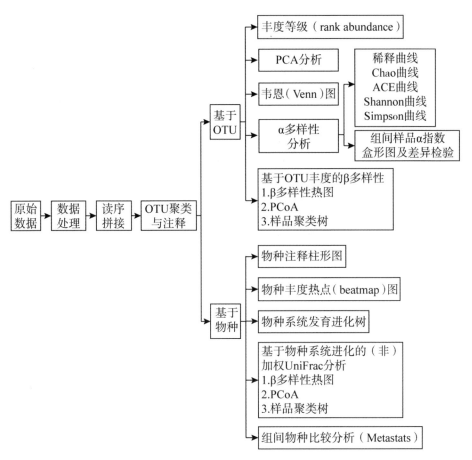

图 1.7 高通量测序信息分析流程

注：OTU 为操作分类单元（operational taxonomic units）；PCA 为主成分分析（principal component analysis）。

### 1.4.4.3 DNA-SIP 技术在土壤功能微生物鉴定中的应用

微生物的长度在微米（μm）尺度，因此，自然环境中微生物群落在微米尺度下生理过程的发生、发展，以及其新陈代谢物质在环境中累积与消减的动力学变化规律，形成了微生物生理生态过程，决定了不同尺度下生态系统物质和能量的良性循环。新近发展起来的稳定性同位素探针（SIP）技术与分子生物学方法结合，即 DNA-SIP 技术，能够定向发掘复杂环境中参与特定生态过程的微生物资源,是将复杂环境中微生物物种组成及其生理功能耦合分析的有力工具,是土壤功能微生物原位鉴定的有效手段,具有广阔的应用前景。DNA-SIP技术原理:环境样品中的功能微生物代谢同化同位素标记的底物;通过对其生物标志物(即DNA、RNA、PLFA等)的提取,分离,鉴定和比对分析,获取介导土壤物质转化和循环过程的功能微生物的直接信息。利用稳定性同位素示踪复杂环境中微生物基因组DNA,实现了单一微生物生理过程研究向微生物群落生理生态研究的转变,能在更高更复杂的整体水平上定向发掘重要微生物资源,从而推动微生物生理生态学的发展和生物技术的开发应用。

(1)$^{13}$C-DNA-SIP技术原理

DNA-SIP技术的基本原理与DNA半保留复制实验类似,主要区别在于后者以纯菌为研究对象,证明子代DNA源于父代DNA,而前者主要针对微生物群落,揭示复杂环境中参与标记底物代谢过程的微生物。一般而言,重同位素或轻同位素组成的化合物具有相同的物理化学和生物学特性,因此,微生物可利用稳定性重同位素生长繁殖。合成代谢是所有生命的基本特征之一,而碳、氮是生命的基本元素。在稳定性同位素(如$^{13}$C)标记底物培养过程中,利用标记底物的环境微生物细胞不断分裂、生长、繁殖并合成$^{13}$C-DNA。提取环境微生物基因组总DNA并通过超高速密度梯度离心将$^{13}$C-DNA与$^{12}$C-DNA分离,进一步采用分子生物学技术分析$^{13}$C-DNA,可揭示复杂环境样品中同化了标记底物的微生物,将特定的物质代谢过程与复杂的环境微生物群落物种组成直接耦合,在微生物群落水平,以$^{13}$C-物质代谢过程为导向,挖掘重要功能基因,揭示复杂环境中微生物重要生理代谢过程的分子机制。

DNA-SIP的技术核心是经超高速密度梯度离心分离稳定性同位素标记和非标记DNA。在氯化铯介质中,超高速离心后2个相邻梯度区带

的浮力密度差为 $0.004\sim0.006g\cdot mL^{-1}$。理论上,浮力密度差大于 $0.012g\cdot mL^{-1}$ 的两种 DNA 离心后相隔一个区,能被有效分离。因此,影响 DNA 浮力密度的两个因素是 DNA-SIP 技术的关键:①DNA 被稳定性重同位素标记的程度;②微生物基因组 GC 含量。一般情况下,环境样品中的目标微生物很难被重同位素 100% 标记。因此,DNA-SIP 实验必须设计一个非标记底物处理的对照组,以提高实验可信度。

(2)$^{13}$C-DNA-SIP 在土壤环境中的应用

稳定性同位素核酸探针(DNA-SIP)技术是利用稳定性同位素示踪技术研究复杂微环境中微生物基因组 DNA 的分子生物技术。在 2000 年,英国科学家首次利用 $^{13}$C-DNA-SIP 技术,成功获得了森林土壤的 $^{13}$C-DNA(Radajewski et al.,2000)。近年来,$^{13}$C-DNA-SIP 技术在微生物生态学和生物技术中也得到了广泛的关注和应用,如土壤反硝化(Fan et al.,2014)和微生物分解过程(Pepe-Ranney et al.,2016)。研究结果表明,$^{13}$C-DNA-SIP 技术是研究土壤微生物群落结构和微生物活性的有效技术手段(Murrell et al.,2011;Pepe-Ranney et al.,2016)。一般土壤中参与氮素转化过程的一些细菌(如硝化细菌、Anammox 细菌)被认为是自养细菌。因此,可以将 $^{13}$CO$_2$ 作为底物,对环境样品进行厌氧培养,通过提取培养后的 $^{13}$C-DNA 来研究土壤中 Anammox 细菌的变化。

(3)$^{13}$C-DNA-SIP 技术要点

$^{13}$C-DNA-SIP 技术包括 4 个主要步骤:①以碳同位素标记底物培养环境样品;②环境微生物基因组总 DNA 超高速密度梯度离心;③不同浮力密度梯度区带中 $^{13}$C-DNA 的富集程度鉴定;④$^{13}$C-DNA 的下游分析。以 $^{13}$CO$_2$ 培养土壤为例,土壤中某些特定的、未知的自养微生物会利用 $^{13}$CO$_2$ 生长并合成 $^{13}$C-DNA。提取该土壤微生物基因组总 DNA,包括能利用 CO$_2$ 生长微生物的 $^{13}$C-DNA 和不能利用 CO$_2$ 生长微生物的 $^{12}$C-

DNA,经超高速离心后形成氯化铯密度分层。

(4)$^{13}$C-DNA-SIP的操作方法

密度梯度离心:利用$^{13}$CO$_2$培养土壤,取出土壤,提取土壤总DNA,用超微量分光光度计,测定$^{13}$CO$_2$与$^{12}$CO$_2$培养微生物的总DNA浓度。将梯度缓冲液(gradient buffer,GB)、CsCl、DNA制成混合物,并进行超高速离心后,采用恒流泵将液体均匀分层收集,纯化分层后的样品,得到的DNA于−20℃保存。定量PCR:采用反应物体系对密度梯度离心分离出的$^{13}$C-DNA进行功能基因扩增,反应物体系包括SYBR® Premix Ex Taq,前后引物,DNA模板和灭菌的双蒸水(ddH$_2$O)。通过预变性、变性、退火、延伸等多个循环进行扩增。同时用功能基因的阳性克隆质粒DNA制备目的基因的扩增标线。用NanoDrop 2000UV-Vis分光光度计测定质粒DNA的浓度,计算功能基因拷贝数。将质粒DNA按10倍的梯度稀释,制成标准曲线。使用实时荧光定量PCR仪进行热循环和数据分析。通过功能基因的定量PCR确定土壤微生物总DNA($^{12}$C+$^{13}$C),分析功能微生物丰度的变化。

借助分子生物学手段(定量PCR、克隆测序、高通量测序等),探究土壤微生物的多样性,能打破传统纯培养方法的限制,已经被广泛应用于氮循环微生物的研究中。分子生物学手段能够从rRNA水平上研究土壤微生物群落的特征,并能够表征某些编码特定蛋白质的功能基因的丰度及活性。PCR-DGGE技术是在对土壤中微生物DNA提取的基础上进行的,通过DNA序列扩增、梯度电泳等技术将不同DNA以条带的形式区分开,以检测到条带的数量和丰度来表示群落结构和多样性。宋亚娜等(2013)运用PCR-DGGE技术,结合DNA测序分析氮肥对稻田nirS型反硝化细菌群落结构和丰度的影响,结果发现施用氮肥后群落多样性指数提高。近年来,土壤微生物的分子生物学研究有突破性进展,虽然不同土壤微生物多样性研究方法各有其优缺点,但将几种方法结合起来可以更全面地获取微生物多样性信息。因此,利用分子生物学技术和研究策略,揭示自然界各种环境(尤其是极端环境)中微生物多样性的真实水平及其物种组成,是微生物生态学各项研究的基础和核心,是重新认识复杂的微生物世界的开端。

# 参考文献

陈世苹,白永飞,韩兴国. 2002. 稳定性碳同位素技术在生态学研究中的应用. 植物生态学报,26(5):549-560.

陈岳龙,杨忠芳,赵志月. 2005. 同位素地质年代学与地球化学. 北京:地质出版社,183-185.

丁洪,王跃思,项虹艳,等. 2003. 福建省几种主要红壤性水稻土的硝化与反硝化活性. 农业环境科学学报,22(6):715-719.

顾挺,申卫收,钟文辉. 2011. 稻秆纤维素降解菌的分离筛选和降解性能研究. 南京师范大学学报(工程技术版),11(1):73-79.

黄鸿翔. 2005. 我国土壤资源现状,问题及对策. 土壤肥料,(1):3-6.

林黎,崔军,陈学萍,等. 2014. 滩涂围垦和土地利用对土壤微生物群落的影响. 生态学报,34(4):899-906.

宋亚娜,吴明基,林艳. 2013. 稻田土壤 nirS 型反硝化细菌群落对氮肥水平的响应. 中国农业科学,46(9):1818-1826.

王晓,楚小强,虞云龙,等. 2006. 毒死蜱降解菌株 *Bacillus latersprorus* DSP 的降解特性及其功能定位. 土壤学报,43(4):648-654.

章家恩,许荣宝,全国明,等. 2009. 鸭稻共作对土壤微生物数量及其功能多样性的影响. 资源科学,31(1):56-62.

Arrigo, K. R. 2005. Marine microorganisms and global nutrient cycles. Nature, 437(7057): 349-355.

Brandes, J. A., Devol, A. H., Deutsch, C. 2007. New developments in the marine nitrogen cycle. Chemical Reviews, 107(2): 577-589.

Bru, D., Sarr, A., Philippot, L. 2007. Relative abundances of proteobacterial membrane-bound and periplasmic nitrate reductases in selected environments. Applied and Environmental Microbiology, 73(18): 5971-5974.

Byrne, N., Strous, M., Crépeau, V., et al. 2009. Presence and activity of anaerobic ammonium-oxidizing bacteria at deep-sea hydrothermal vents. The ISME Journal, 3(1): 117-123.

Caporaso, J. G., Kuczynski, J., Stombaugh, J., et al. 2010. QIIME allows analysis of high-throughput community sequencing data. Nature Methods, 7(5): 335-336.

Ding, L. J., An, X. L., Li, S., et al. 2014. Nitrogen loss through anaerobic ammonium oxidation coupled to iron reduction from paddy soils in a chronosequence. Environmental Science & Technology, 48(18): 10641-10647.

Ding, B.J., Chen, Z.H., Li, Z.K., et al. 2019. Nitrogen loss through anaerobic ammonium oxidation coupled to iron reduction from ecosystem habitats in the Taihu estuary region. Science of The Total Environment, 662: 600-606.

Edgar, R. C., Haas, B. J., Clemente, J. C., et al. 2011. UCHIME improves sensitivity and speed of chimera detection. Bioinformatics, 27 (16): 2194-2200.

Francis, C. A., Roberts, K. J., Beman, J. M., et al. 2005. Ubiquity and diversity of ammonia-oxidizing archaea in water columns and sediments of the ocean. Proceedings of the National Academy of Sciences of the United States of America, 102(41): 14683-14688.

Fan, F. L., Yin, C., Tang, Y. J., et al. 2014. Probing potential microbial coupling of carbon and nitrogen cycling during decomposition of maize residue by 13C-DNA-SIP. Soil Biology and Biochemistry, 70: 12-21.

Hallin, S., Lindgren, P. E. 1999. PCR detection of genes encoding nitrite reductase in denitrifying bacteria. Applied and Environmental Microbiology, 65(4): 1652-1657.

Huang, S., Jaffé, P. R. 2015. Characterization of incubation experiments and development of an enrichment culture capable of ammonium oxidation under iron-reducing conditions. Biogeosciences, 12(3): 769-779.

Huang, S., Chen, C., Peng, X. C., et al. 2016. Environmental factors affecting the presence of Acidimicrobiaceae and ammonium removal under iron-reducing conditions in soil environments. Soil Biology and Biochemistry, 98: 148-158.

Jetten, M. S., Strous, M., Van de Pas-Schoonen, et al. 1998. The anaerobic oxidation of ammonium. FEMS Microbiology Reviews, 22(5): 421-437.

Jaeschke, A., Op den Camp, H. J., Harhangi, H., et al. 2009. 16S rRNA gene and lipid biomarker evidence for anaerobic ammonium-oxidizing bacteria (anammox) in California and Nevada hot springs. FEMS Microbiology Ecology, 67(3): 343-350.

Kuypers, M. M., Lavik, G., Woebken, D., et al. 2005. Massive nitrogen loss from the Benguela upwelling system through anaerobic ammonium oxidation. Proceedings of the National Academy of Sciences, 102(18): 6478-6483.

Kuenen, J. G. 2008. Anammox bacteria: From discovery to application. Nature Reviews Microbiology, 6(4): 320-326.

Leininger, S., Urich, T., Schloter, M., et al. 2006. Archaea predominate among ammonia-oxidizing prokaryotes in soils. Nature, 442 (7104): 806-809.

Li, X. F., Hou, L. J., Liu, M., et al. 2015. Evidence of nitrogen loss from anaerobic ammonium oxidation coupled with ferric iron reduction in an intertidal wetland. Environmental Science & Technology, 49(19): 11560-11568.

Martens-Habbena, W., Berube, P. M., Urakawa, H., et al. 2009. Ammonia oxidation kinetics determine niche separation of nitrifying Archaea and Bacteria. Nature, 461(7266): 976-979.

Murrell, J. C., Whiteley, A. S. 2011. Stable Isotope Probing and Related Technologies. Washington: American Society for Microbiology Press.

Purkhold, U., Pommerening-Röser, A., Juretschko, S., et al. 2000. Phylogeny of all recognized species of ammonia oxidizers based on comparative 16S rRNA and *amoA* sequence analysis: Implications for molecular diversity surveys. Applied and Environmental Microbiology, 66(12): 5368-5382.

Philippot, L., Hallin, S., Schloter, M., 2007. Ecology of denitrifying prokaryotes in agricultural soil. Advances in Agronomy, 96: 249-305.

Pepe-Ranney, C., Campbell, A. N., Koechli, C. N., et al. 2016. Unearthing the ecology of soil microorganisms using a high resolution DNA-SIP approach to explore cellulose and xylose metabolism in soil. Frontiers in Microbiology, 7: 703.

Quail, M. A., Smith, M., Coupland, P., et al. 2012. A tale of three next generation sequencing platforms: Comparison of Ion Torrent, Pacific Biosciences and Illumina MiSeq sequencers. BMC Genomics, 13 (1): 341.

Rotthauwe, J. H., Witzel, K. P., Liesack, W. 1997. The ammonia monooxygenase structural gene amoA as a functional marker: Molecular fine-scale analysis of natural ammonia-oxidizing populations. Applied and Environmental Microbiology, 63(12): 4704-4712.

Radajewski, S., Ineson, P., Parekh, N. R., et al. 2000. Stable-isotope probing as a tool in microbial ecology. Nature, 403(6770): 646-649.

Schmid, M., Twachtmann, U., Klein, M., et al. 2000. Molecular evidence for genus level diversity of bacteria capable of catalyzing anaerobic ammonium oxidation. Systematic and Applied Microbiology, 23 (1): 93-106.

Shrestha, J., Rich, J. J., Ehrenfeld, J. G., et al. 2009. Oxidation of ammonium to nitrite under iron-reducing conditions in wetland soils: Laboratory, field demonstrations, and push-pull rate determination. Soil Science, 174(3): 156-164.

Thamdrup, B., Dalsgaard, T. 2002. Production of $N_2$ through anaerobic ammonium oxidation coupled to nitrate reduction in inarine sediments. Applied and Environmental Microbiology, 68(3): 1312-13l8.

Urich, T., Lanzén, A., Qi, J., et al. 2008. Simultaneous assessment of soil microbial community structure and function through analysis of the meta-transcriptome. PloS One, 3(6): e2527.

Van, D., Bruijn, P. D., Robertson, L. A., et al. 1997. Metabolic pathway of anaerobic ammonium oxidation on the basis of $^{15}N$ studies in a fluidized bed reactor. Microbiology, 143(7): 2415-2421.

Yang, W. H., Weber, K. A., Silver, W. L. 2012. Nitrogen loss from soil through anaerobic ammonium oxidation coupled to iron reduction. Nature Geoscience, 5(8): 538-541.

Yi, B., Wang, H. H., Zhang, Q. C., et al. 2019. Alteration of gaseous nitrogen losses via anaerobic ammonium oxidation coupled with ferric reduction from paddy soils in Southern China. Science of The Total Environment, 652: 1139-1147.

Zhu, G.B., Wang, S.Y., Wang, Y., et al. 2011. Anaerobic ammonia oxidation in a fertilized paddy soil. The ISME Journal, 5(12): 1905-1912.

Zhou, G. W., Yang, X. R., Li, H., et al. 2016. Electron shuttles enhance anaerobic ammonium oxidation coupled to iron (III) reduction. Environmental Science & Technology, 50(17): 9298-9307.

# 第2章 稻田土壤厌氧氨氧化过程和 $N_2$ 的产生

## 2.1 土壤厌氧氨氧化与温室气体减排

目前人类活动对氮循环的干扰已远大于其他元素,这极大地加速了地球生态环境的变化,引发严重的氮循环失衡、氮污染加剧、温室气体排放增多等不良效应。据估算,全球只有40%~60%的氮素是通过反硝化生成氮气回到大气中的。全国范围内,耕地氮肥使用率在35%以下,其中40%~50%的氮素以不同的形式损失。在全球变暖、污染加剧的双重胁迫下,是否存在新型的氮循环过程,值得探究。厌氧氨氧化(Anammox)反应的发现就是一个明显例子。Anammox反应曾经被认为不存在,在生物化学上不可行。然而,1997年奥地利化学家布罗达(Broda)从化学反应热力学的角度证明Anammox反应的存在。直到1995年,Mulder等(1995)在研究中发现 $NO_2^-$ 可以直接被 $NH_4^+$ 还原为 $N_2$,这个过程被命名为Anammox。

随着对厌氧氨氧化过程认识的逐步加深,人们发现该过程可能引起农业生态系统的氮损失。对于农业土壤,由于大量的氮肥投入刺激了厌氧氨氧化微生物的生长,加上土壤本身的异质性,厌氧氨氧化微生物具有高丰度、高多样性的特征,进而引起大量的氮损失。在某些特殊的微生态区域,例如交换界面的氧化还原梯度上,存在硝化-厌氧氨氧化-反硝化的耦合,该过程有可能是理解陆地生态系统氮循环的关键。研究表明,在海洋沉积物中Anammox过程产生氮气的比例高达67%(Wang et al.,2012)。在海洋和废水处理反应器中发生的Anammox过程基础上,可以推测Anammox反应主要发生在氧气限制的生态系统中。稻田土壤由于水稻的种植条件及其特殊的田间水分管理,具备Anammox过程的基本条件。因此,稻田土壤极有可能是Anammox的反应热区。许多研究人员对我国南方典型稻田土壤的厌氧氨氧化过程氮损失进行了定量研究,发现厌氧氨氧化过程对氮损失的贡献量为5%~10%(Yang et al.,2015)。

温室气体排放增加是全球变暖的主要原因之一。水蒸气($H_2O$)、二氧化碳($CO_2$)、氧化亚氮($N_2O$)、甲烷($CH_4$)、氢氟碳化合物(HFCs)和臭氧($O_3$)等是地球大气中最主要的温室气体。稻田甲烷和氧化亚氮排放是农业温室气体的主要来源之一。稻田温室气体减排是实现"双碳"目标的重要任务。稻田是陆地生态系统中最显著的氮汇之一。我国是一个农业大国,水稻种植面积占我国耕地面积的23%左右,占世界水稻种植总面积的20%左右,居世界第二,仅次于印度。在过去几十年,随着各种氮肥应用的迅速增加,水稻产量也大幅增加,然而也导致了大量氨挥发、$N_2O$排放和氮流失。迄今为止,国内外在稻田硝化、反硝化方面开展了许多极有价值的研究。研究认为,异养反硝化作用是氮素流失到大气中的主要途径,反硝化反应在稻田湿地系统中对氮损失起重要作用;化肥比有机肥更能引起气态氮(如$N_2O$)的损失;水分是硝化和反硝化作用的主要调节者,当土壤湿度为45%~75%时,硝化细菌和反硝化细菌都可能成为$N_2O$的重要制造者。在等物质量的情况下,$N_2O$的温室效应是$CO_2$的

310 倍。厌氧氨氧化是在厌氧条件下由 Anammox 细菌以 $NO_2^-$ 为电子受体,将 $NH_4^+$ 直接氧化为 $N_2$,避免了强效温室气体 $N_2O$ 的产生,并完成封闭的产氮气循环。有效利用土壤 Anammox 过程,对于减少土壤 $N_2O$ 的排放具有重要的生态学意义。近几年的研究证实稻田土壤厌氧氨氧化的广泛存在,研究提供的许多稻田厌氧氨氧化反应信息,让我们对氮素在稻田生态系统中的循环模式与机制有了新的认识和思考。

## 2.2　水旱轮作稻田土壤生态及厌氧氨氧化

南方稻田耕作制度对我国的水稻生产起着重要作用,在我国农业发展中占有举足轻重的地位。目前,我国南方稻区主要以单季稻或"冬闲-稻-稻"的连作种植模式为主。由于长期连作和依赖化学肥料,有机肥的使用较少,稻田土壤养分失去平衡、作物抗病虫害能力下降、稻田碳足迹增加和农田生态环境恶化等一系列问题逐渐出现,造成农田可持续利用能力下降,进而影响作物的产量和品质,对我国的粮食安全和农业生态环境造成威胁。稻田水旱轮作是克服水稻连作障碍的有效途径。水旱轮作是指在同一田块上,按季节有序地交替种植水稻和旱地作物(如小麦、玉米、油菜、蔬菜、棉花等)的一种种植模式,其中小麦-水稻和油菜-水稻轮作种植模式应用最为广泛。水旱轮作系统的显著特征是土壤水热条件交替变化。该系统遵循用地养地、高效高产和协调发展的原则,对维护农业生态系统的良性循环和维持农田的地力、保障粮食安全具有重要的理论与实践参考价值。水旱轮作能改善土壤理化性质,消除长期淹水对土壤结构的不良影响,增加土壤的团粒结构,并有效阻止土壤酸化和土壤的次生潜育化;同时,干湿交替的环境改变了土壤的结构和通气性,对土壤微生物的组成、丰度、多样性和活性都有显著的影响。Murugan 等(2013)的研究表明,豆稻轮作田的微生物数量明显高于水稻单作田。陈晓娟等（2013）研究了不同耕作方式下土壤微生物的特性，结果表明，水旱轮作地块的细菌和真菌丰度比值以及革兰氏阳性菌的相对含量明显高于水旱轮作土壤。土壤微生物活性的改变会增加土壤中作物所需营养元素的可用性，从而促进作物的生长。

然而，近年来，这一体系也面临着生产力下降或徘徊不前、养分管理不合理及环境污染严重等问题。国内外已有学者对水旱轮作生产体系下温室气体的排放做了大量研究。Linquist等（2015）的研究表明，$CH_4$ 主要来源于稻田系统，因为稻田表面的淹水层为 $CH_4$ 的产生和排放提供了良好的厌氧环境。$N_2O$ 则主要来自旱地系统和水稻烤田期（Ma et al.，2013）。与水稻连作相比，水旱轮作系统中干湿的转化可能会导致 $CH_4$ 和 $N_2O$ 的排放呈"污染交换"的形式，即水田转为旱地可以明显减少甲烷的排放量，但土壤的干湿交替使土壤的嫌气和通气状态交替发生，会加快土壤中的硝化和反硝化过程，从而增加 $N_2O$ 的产生量和排放量。这说明稻田实行水旱轮作制度及水分管理在一定程度上促进了温室气体的产生。而稻田土壤长期处于淹水状态以及干湿交替（兼性好氧厌氧），这为厌氧氨氧化细菌生长提供了有利环境。在典型高氮污染的稻田土壤中通过厌氧氨氧化反应流失的氮量可占总氮气生成量的37%。关于厌氧氨氧化反应在稻田系统的广泛发生的研究成果，补充了土壤生态系统氮循环理论体系，为我国稻田系统 $N_2O$ 释放量的精确计算提供科学借鉴。

## 2.3　稻田土壤厌氧氨氧化速率

20世纪50年代开始，生命科学领域的研究开始应用稳定性同位素技术（韦莉莉等，2005）。自20世纪80年代末起，我国开始利用稳定性碳同位素技术开展生理生态学方面的研究工作。林植芳（1988）首次应用稳定性碳同位素技术鉴定了植物的光合型,此后有数篇文章报道了稳定性碳同位素在该方面的应用。近年来,我国科研工作者在生理与生态等研究领域应用稳定性同位素技术,进行了理论和试验性的探索研究。Abbas 等(2020)运用 $^{15}NO_3^-$ 土壤溶液培养的同位素示踪技术对常见施肥模式(化肥、化肥-有机肥配施)的稻田土壤 Anammox 速率进行评估,即,向土壤中添加高丰度的 $^{15}NO_3^-$,添加到土壤中的 $^{15}N$ 标记肥料在土壤中快速均匀扩散,通过 $^{15}N$ 示踪气体直接测定排放的 $^{29}N_2$、$^{30}N_2$ 来计算 Anammox 速率。分析结果表明,在水旱轮作过程中不管是旱作(小麦季)还是水田(水稻季),所有土壤都检测到了 Anammox 活性(图 2.1)。不施肥(CK,对照)土壤中小麦季 Anammox 速率为 0.34nmol $N_2\cdot g^{-1}\cdot h^{-1}$;而在常规的施肥模式[如猪粪配施化肥(PMCF)和秸秆配施化肥(SRCF)]下,Anammox 速率均为 0.50nmol $N_2\cdot g^{-1}\cdot h^{-1}$。对所有施肥模式的数据进一步分析得出小麦季 Anammox 的平均反应速率为 0.46nmol $N_2\cdot g^{-1}\cdot h^{-1}$。水稻季 CK 土壤中 Anammox 速率为 0.90nmol $N_2\cdot g^{-1}\cdot h^{-1}$,在纯施化肥(CF)的情况下 Anammox 速率达到了 1.04nmol $N_2\cdot g^{-1}\cdot h^{-1}$(图 2.1)。进一步计算得出,水稻季中土壤 Anammox 的平均反应速率为 0.96nmol $N_2\cdot g^{-1}\cdot h^{-1}$,大约是小麦季的两倍。Zhu 等(2011)研究表明稻田土壤 Anammox 速率为 0.5nmol $N_2\cdot g^{-1}\cdot h^{-1}$(60~70cm)至 2.9nmol $N_2\cdot g^{-1}\cdot h^{-1}$(0.10cm)。Sato 等(2012)在灌溉含有大量硝酸盐的地下水的稻田土壤中发现相近的 Anammox 活性(2.2~2.7nmol $N_2\cdot g^{-1}\cdot h^{-1}$)。Yang 等(2015)发现,在中国南方 12 种典型稻田土壤中 Anammox 速率为 0.27~5.25nmol $N_2\cdot g^{-1}\cdot h^{-1}$。以上研究结果均表明,不同环境中土壤 Anammox 速率存在一定的差异。

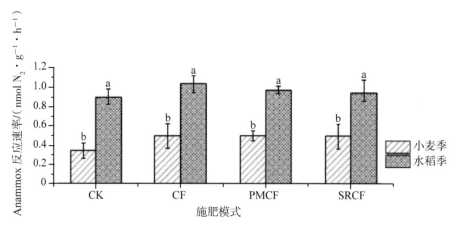

图 2.1　不同施肥模式下土壤 Anammox 反应速率（$p<0.05$）

## 2.4　稻田土壤反硝化速率

对于水稻来说，氮素是最重要的产量限制因子。因此，氮肥的施用对于满足水稻生长发育、保证一定稻米产量至关重要。然而，淹水稻田氮肥利用率一直较低，一般情况下为30%~40%，甚至更低。主要原因是淹水稻田气态氮损失严重。在厌氧氨氧化过程被发现之前，反硝化被认为是氮损失的主要途径，通过反硝化损失的氮量占施氮量的14%~40%（Xia et al.，2019；Zhao et al.，2012）。这主要是由于稻田土壤兼具氧化层和还原层，硝化-反硝化耦合作用强烈。因此，一方面，稻田反硝化作用导致肥料氮损失，其中间产物还会引发生态环境污染；另一方面，稻田反硝化作用把活性氮（包括肥料氮）以惰性氮（$N_2$）的形式返还大气，从而降低排入外部环境的活性氮量及其导致的环境危害。目前，在湿地生态系统（包括稻田在内）中应用的反硝化速率测定方法主要包括以下4种：①乙炔抑制法；②$^{15}N$同位素示踪法；③密闭培养-氦气环境法；④$N_2$/Ar比值-膜进样质谱法。

影响反硝化作用的主要因素：①土壤中碳的有效性。大多数反硝化作用是通过异养细菌进行的，所以对土壤有机碳的依赖性很大，土壤有机质总量和反硝化作用之间存在一定的相关性，而反硝化作用与易分解有机质之间的相关性更好。可矿化碳量或水溶性有机碳是反映土壤反硝化强度的良好指标。往土壤中加有机质（如植物秸秆或厩肥），可大大加快反硝化速率。另外，植物根系分泌物和根呼吸（消耗土壤中的氧）可促进反硝化作用进行。Smith 等（1979）发现，玉米近根处的反硝化强度比远根区大得多。②氧气含量。反硝化作用与土壤中氧的含量负相关。氧在水中的扩散速度只有在空气中的万分之一。反硝化作用的临界充气孔隙度为 11%~14%，低于此数时，反硝化作用明显加强；田间持水量为 50%~70% 时，反硝化作用基本不表现；田间持水量高于 75% 时，NO$_3^-$ 变成气态氮逸失。Ryden 等（1980）提出，反硝化速率的高峰出现在水压 5kPa~10kPa，超过 10kPa 后反硝化速率呈下降趋势。③NO$_3^-$ 浓度。土壤中存在的 NO$_3^-$ 是反硝化作用的底物，但反硝化速率并不依赖于 NO$_3^-$ 的浓度。当土壤中 NO$_3^-$ 浓度<40mg N·L$^{-1}$ 时，反硝化速率表现为一级动力学水平。但因反硝化作用的影响因素十分复杂，加上有些测试技术不够敏感，仍需进一步研究。

Zhang 等（2018）将乙炔抑制法、$^{15}$N 同位素示踪法结合，评估了水旱轮作稻田土壤反硝化速率。从图 2.2 可以看出，小麦季对照（CK）土壤的反硝化速率达到了 10.48nmol N$_2$·g$^{-1}$·h$^{-1}$，而常规施肥模式[如秸秆配施化肥（SRCF）]下土壤反硝化速率较小，为 8.59nmol N$_2$·g$^{-1}$·h$^{-1}$。相反，水稻季对照（CK）土壤反硝化速率较小，为 9.32nmol N$_2$·g$^{-1}$·h$^{-1}$；常规施肥模式中 SRCF 土壤反硝化速率达到了 10.98nmol N$_2$·g$^{-1}$·h$^{-1}$。无论小麦季，还是水稻季，水旱轮作稻田土壤反硝化速率都是 Anammox 速率的 10 多倍。可见，与 Anammox 速率相比，反硝化速率较高，且相对更稳定。

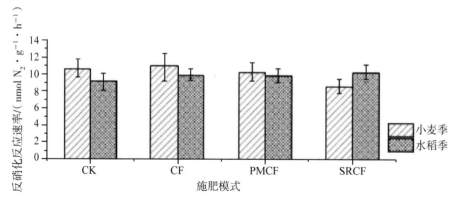

图 2.2　不同施肥模式下土壤反硝化速率

## 2.5　稻田土壤厌氧氨氧化与反硝化对 $N_2$ 产生的贡献

稻田土壤的氮肥利用率通常只有旱地的一半,且我国稻田土壤的氮肥利用率呈下降趋势。稻田土壤中氮循环过程复杂,除氨挥发、反硝化作用造成大量氮损失外,仍有大量氮素以未知形式损失。厌氧氨氧化作用的发现是氮循环领域的重大突破,该作用被认为是另一重要的氮损失途径。对南方典型稻田土壤的研究发现,每年约 $2.5×10^6$ Mg 氮通过厌氧氨氧化损失到大气中,占氮肥施用量的 10%(Yang et al, 2015)。通常通过计算 $^{29}N_2$ 及除 $^{29}N_2$ 外的 $N_2$ 占 $N_2$ 总产量的比值来分别评价 Anammox 和反硝化作用在某一生态环境氮循环中的贡献率。Nie 等(2019)认为农业土壤的厌氧氨氧化对 $N_2$ 产生的贡献率为 5%~10%,表明农田土壤厌氧氨氧化与氮损失关系密切。但厌氧氨氧化作用对稻田土壤 $N_2$ 产生的贡献仍不明确。我们研究团队进一步对水旱轮作稻田 Anammox 与反硝化作用对 $N_2$ 的贡献率进行了计算(图 2.3)。研究发现,土壤样品中,3.15%~9.62% 的 $N_2$ 来源于 Anammox 过程,而 90.38%~96.85% 的 $N_2$ 来源于反硝化过程。进一步计算可以得到,水稻-小麦轮作种植体系下,反硝化对 $N_2$ 产生的贡献率高达90%,小麦季 Anammox 对 $N_2$ 产生的贡献率为5.41%,水稻季 Anammox 对 $N_2$ 产生的贡献率为9.61%。这说明水旱轮作系统中反硝化对 $N_2$ 产生的贡献是主要的,但也明确了厌氧氨氧化作用的存在及其对 $N_2$ 产生的贡献,充分说明了 Anammox 在水旱轮作系统氮循环过程中的重要性。然而,稻田土壤 Anammox 对 $N_2$ 产生的贡献远低于其他生态系统,如海洋沉积物中 Anammox 对 $N_2$ 产生的贡献率为20%~80%(Dalsgaard et al.,2005;Thamdrup et al.,2002),而 Golfo Dulce 地区的缺氧水环境中为19%~35%(Dalsgaard et al.,2003)。稻田土壤中较低的 Anammox 速率可能是更高的反硝化活性引起的(Bai et al.,2015;Yang et al.,2015),也可能受到各种环境因素[如温度、溶解氧(dissolved oxygen,DO)浓度、基质浓度、pH值及有机物浓度等]的影响。

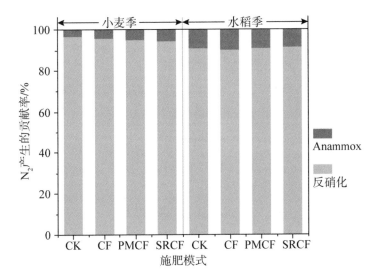

图2.3　不同施肥模式下土壤 Anammox 和反硝化对 $N_2$ 产生的贡献率

# 参考文献

陈晓娟, 吴小红, 刘守龙, 等. 2013. 不同耕地利用方式下土壤微生物活性及群落结构特性分析: 基于 PLFA 和 Micro-RespTM 方法. 环境科学, 34(6): 2375-2382.

林植芳, 郭俊彦, 詹姆士, 等. 1988. 新的 C4 及 CAM 光合途径植物. 植物科学学报, 6(4): 371-374.

韦莉莉, 张小全, 侯振宏, 等. 2005. 全球气候变化研究的新技术——稳定碳同位素分析的应用. 世界林业研究, 18(2): 16-19.

Abbas, T., Zhang, Q. C., Zhou, X., et al. 2020. Soil anammox and denitrification processes connected with N cycling genes co-supporting or contrasting under different water conditions. Environment International, 140: 105757.

Bai, R., Xi, D., He, J. Z., et al. 2015. Activity, abundance and community structure of Anammox bacteria along depth profiles in three different paddy soils. Soil Biology and Biochemistry, 91: 212-221.

Dalsgaard, T., Canfield, D. E., Petersen, J., et al. 2003. $N_2$ production by the Anammox reaction in the anoxic water column of Golfo Dulce, Costa Rica. Nature, 422(6932): 606-608.

Dalsgaard, T., Thamdrup, B., Canfield, D. E. 2005. Anaerobic ammonium oxidation (Anammox) in the marine environment. Research in Microbiology, 156(4): 457-464.

Linquist, B., van Groenigen, K. J., Adviento-Borbe, M. A., et al. 2015. An agronomic assessment of greenhouse gas emissions from major cereal crops. Global Change Biology, 18(1): 194-209.

Mulder, A., van de Graaf, A. A., Robertson, L., et al. 1995. Anaerobic ammonium oxidation discovered in a denitrifying fluidized bed reactor. FEMS Microbiology Ecology, 16(3):177-183.

Ma, Y. C., Kong, X. W., Yang, B., et al. 2013. Net global warming potential and greenhouse gas intensity of annual rice-wheat rotations with integrated soil-crop system management. Agriculture Ecosystems & Environment, 164:209-219.

Murugan, R., Kumar, S. 2013. Influence of long-term fertilisation and crop rotation on changes in fungal and bacterial residues in a tropical rice-field soil. Biology and Fertility of Soils, 49(7):847-856.

Nie, S. A., Zhu, G. B., Singh, B. et al. 2019. Anaerobic ammonium oxidation in agricultural soils-synthesis and prospective. Environmental Pollution, 244:127-134.

Ryden, J. C., Dawson, K. P. 1982. Evaluation of the acetylene-inhibition technique for the measurement of denitrification in grassland soils. Journal of the Science of Food and Agriculture, 33:1197-1206.

Smith, M. S., Tiedje, J. M. 1979. The effect of roots on soil denitrification. Soil Science Socity of American Journal, 43:951-955.

Sato, Y., Ohta, H., Yamagishi, T., et al. 2012. Detection of Anammox activity and 16S rRNA genes in ravine paddy field soil. Microbes and Environments, 27(3):316-319.

Thamdrup, B., Dalsgaard, T. 2002. Production of $N_2$ through anaerobic ammonium oxidation coupled to nitrate reduction in marine sediments. Applied and Environmental Microbiology, 68(3):1312-1318.

Wang, S. Y., Zhu, G. B., Peng, Y. Z., et al. 2012. Anammox bacterial abundance, activity, and contribution in riparian sediments of the pearl

River estuary. Environmental Science & Technology, 46(16): 8834-8842.

Xia, L. L., Li, X. B., Ma, Q. Q., et al. 2019. Simultaneous quantification of $N_2$, $NH_3$ and $N_2O$ emissions from a flooded paddy field under different N fertilization regimes. Global Change Biology, 26(4): 2292-2303.

Yang, X. R., Li. H., Nie, S. N., et al. 2015. Potential contribution of Anammox to nitrogen loss from paddy soils in Southern China. Applied and Environmental Microbiology, 81(3): 938-947.

Zhu, G.B., Wang, S.Y., Wang, Y., et al. 2011. Anaerobic ammonia oxidation in a fertilized paddy soil. The ISME Journal, 5(12): 1905-1912.

Zhao, X., Zhou, Y., Wang, S. Q., et al. 2012. Nitrogen balance in a highly fertilized rice -wheat double-cropping system in Southern China. Soil Science Society of America Journal, 76(3): 1068-1078.

Zhang, Q. C., Gu, C., Zhou, H. F., et al. 2018. Alterations in anaerobic ammonium oxidation of paddy soil following organic carbon treatment estimated using $^{13}$C-DNA stable isotope probing. Applied Microbiology and Biotechnology, 102: 1407-1416.

# 第3章　稻田土壤厌氧氨氧化的微生物群落

## 3.1　厌氧氨氧化微生物的功能基因

自发现以来,厌氧氨氧化细菌以其低能耗、无需投加外来碳源、理论上不产生 $N_2O$、运行工艺简单等优点成为环境工程领域的研究热点。然而由于厌氧氨氧化细菌倍增时间长达11天左右,因此用传统的微生物分离、纯化培养方法研究厌氧氨氧化细菌非常困难。至今,尚未实现厌氧氨氧化细菌的纯培养,并且对其代谢机制尚不完全明确,这些都限制了厌氧氨氧化细菌的应用。目前,分子生态学方法和高通量测序技术已成为研究环境微生物高效快捷的手段,同时结合稳定性同位素核酸探针($^{13}$C-DNA-SIP)技术,能在群落水平上揭示复杂环境中微生物生理生态过程的分子机制。厌氧氨氧化细菌16S rRNA基因的PCR扩增是厌氧氨氧化细菌检测和群落结构分析的主要方法。

Kartal等(2011)通过对 *Candidatus Brocadia fulgida* 的宏基因组分析提出了一系列氧化还原理论来解释厌氧氨氧化过程,从而明确了与厌氧氨氧化代谢相关的重要功能基因。Anammox细菌功能基因的特异性引物对于准确和成功鉴定Anammox细菌是至关重要的(Li et al.,2010)。

Anammox细菌的检测和群落分析通常基于16S rRNA基因（Hu et al.，2013；Wang S Y et al.，2012；Zhu et al.，2011）。然而，大多数PCR引物的特异性和偏向覆盖，以及16S rRNA基因的较高保守性质，可导致Anammox细菌多样性的不完全评估。因此，其他用于检测和表征Anammox细菌的备选基因被提出，其中肼合成酶（$hzs$）基因与肼氧化酶（$hzo$）基因就是研究者常用的功能基因（Hirsch et al.，2011；Li et al.，2010；Quan et al.，2008）。Harhangi 等（2012）研究表明，Hzs是Anammox过程中特有的功能酶，对$NH_4^+$和$NO_2^-$合成肼的过程起主要催化作用。其中厌氧氨氧化肼合成酶β亚基（$hzs$-$\beta$）基因编码肼合成酶（Hzs）的亚基。肼氧化酶（Hzo）在将肼氧化成$N_2$的厌氧生物化学过程中是至关重要的。$hzs$-$\beta$和$hzo$的组合使用为鉴定土壤Anammox细菌群落提供了替代方法。

## 3.2　稻田土壤厌氧氨氧化微生物的多样性

微生物多样性，在狭义上是指微生物物种多样性。在广义上，从微生物生命活动层次的角度出发，微生物多样性可分为遗传（基因）多样性、生理多样性、物种多样性和生态多样性。遗传（基因）多样性是指微生物群体或群落在基因水平上数目和频率的分布差异，主要体现在组成核酸分子的碱基数量的巨大性和排列顺序的多样性上；生理多样性可以分为生理结构和生理功能的多样性。

厌氧氨氧化是20世纪90年代发现的一种新的氮循环途径，由属于浮霉菌门的一类新发现但还未成功分离培养的脱氮自养细菌进行。在分析环境样品中厌氧氨氧化细菌群落组成时，常常采用克隆、测序构建16S核糖体DNA（rDNA）克隆文库的方法。该方法避免了对厌氧氨氧化细菌纯培养的要求，同时实现了厌氧氨氧化细菌群落结构多样性的快速分析。Gu等（2017）利用$hzo$和$hzs$-$\beta$基因（$hzs$-$\beta$和$hzo$基因序列分别以登录号 KX494112-KX494185 和 KX494186-KX494347 保存在 GenBank 数据库)进行克隆文库的构建,对稻田土壤 Anammox 细菌群落结构多样性进行了分析。利用 *hzs-β* 基因序列,得到 12 个 OTU(98% 核苷酸相似性)(图 3.1);而利用 *hzo* 基因序列,仅获得了 5 个 OTU(图 3.2)。

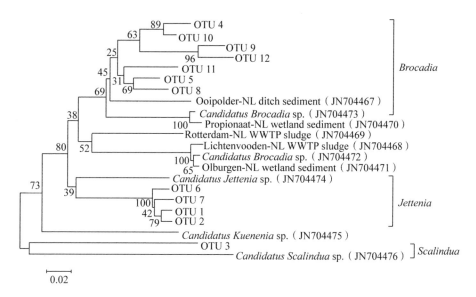

图 3.1 厌氧氨氧化 *hzs-β* 基因系统发育树分析

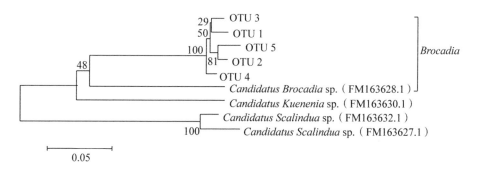

图 3.2 厌氧氨氧化 *hzo* 基因系统发育树分析

对于 *hzo* 基因,BLAST 数据库比对结果表明克隆测序得到的序列仅与 *Ca. Brocadia* 属具有较高的同源性。对于 *hzs-β* 基因,克隆序列与系统发育分析结果表明,测序得到的序列结果与 *Ca. Scalindua*、*Ca. Brocadia* 和 *Ca. Jettenia* 三个属具有较高的同源性。基于 *hzs-β* 基因的大多数 OTU(58.3%)与 *Ca. Brocadia* 属具有较高的同源性。8.3% 的 OTU 与 *Ca. Scalindua* 属同源性较高,剩余 33.3% 的 OTU 与 *Ca. Jettenia* 属同源性较高。常规施肥模式——秸秆配施化肥(SRCF)中得到的序列结果与 *Ca. Jettenia* 密切相关。猪粪配施化肥(PMCF)的 *hzs-β* 基因序列与 *Ca. Jettenia* 和 *Ca. Brocadia* 属同源性较高。而纯施化肥(CF)稻田土壤中的细菌基因序列与 *Ca. Brocadia*、*Ca. Scalindua* 和 *Ca. Jettenia* 属均具有较高的同源性(图 3.2)。

　　总体来说,*hzs-β* 基因测序结果表明,水稻季土壤具有较高的 Anammox 细菌生物多样性,其中 *Ca. Brocadia*(总序列的 13.51%)、*Ca. Scalindua*(总序列的 8.11%)和 *Ca. Jettenia*(总序列的 78.38%)是该土壤样品中的优势属(图 3.3)。

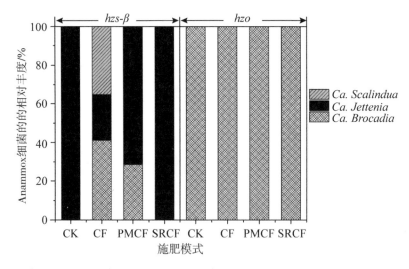

图 3.3　基于 *hzs-β* 和 *hzo* 基因的厌氧氨氧化细菌 *Ca. Scalindua*、*Ca. Jettenia* 和 *Ca. Brocadia* 属的相对丰度

对于 *hzs-β* 基因，长期纯施化肥[CF：Simpson（辛普森）和 Shannon（香农）指数分别为 0.81 和 2.65]和猪粪配施化肥（PMCF：Simpson 和 Shannon 指数分别为 2.13 和 0.73）的 α 多样性指数最高（表 3.1），说明长期纯施化肥或猪粪配施化肥的稻田具有较高的 Anammox 细菌群落结构多样性。*hzs-β* 基因克隆文库显示，水稻-小麦轮作体系中的 Anammox 细菌与 *Ca. Brocadia*、*Ca. Scalindua* 和 *Ca. Jettenia* 三个属有较高的同源性，其中 *Ca. Brocadia* 和 *Ca. Jettenia* 是所取土壤样品中的优势属。

表 3.1　水稻季 Anammox 细菌 *hzs-β* 和 *hzo* 基因的 α 多样性分析

| 基因类型 | 施肥模式 | Anammox OTU | α 多样性指数 | | 基因拷贝数/ （$g^{-1}$，干土） |
|---|---|---|---|---|---|
| | | | Shannon | Simpson | |
| *hzs-β* | CK | 2 | 0.92 | 0.44 | $5.63×10^5(±4.60×10^4)$ |
| | CF | 7 | 2.65 | 0.81 | $3.58×10^6(±2.77×10^5)$ |
| | PMCF | 5 | 2.13 | 0.73 | $4.04×10^6(±4.04×10^5)$ |
| | SRCF | 3 | 1.15 | 0.52 | $2.44×10^6(±2.35×10^5)$ |
| *hzo* | CK | 4 | 1.52 | 0.61 | $9.22×10^5(±2.57×10^5)$ |
| | CF | 5 | 1.12 | 0.41 | $1.39×10^6(±3.58×10^5)$ |
| | PMCF | 3 | 1.35 | 0.58 | $1.48×10^6(±2.07×10^5)$ |
| | SRCF | 3 | 1.30 | 0.56 | $1.26×10^6(±3.93×10^5)$ |

这些发现与关于水稻生态系统的研究（Bai et al.，2015b；Zhu et al.，2011）观点一致，认为稻田土壤 Anammox 细菌具有较高的多样性。在过去的研究中，*Ca. Scalindua* 属已被证实大多存在于海洋生态系统中（Dang et al.，2013；Humbert et al.，2010），而 *Ca. Brocadia* 和 *Ca. Kuenenia* 属主要存在于土壤和淡水生态系统中（Sonthiphand et al.，2014）。此外，基于目前的研究，*Ca. Jettenia* 属的检测频率要比 *Ca. Brocadia* 和 *Ca. Kuenenia* 低得多，甚至在某些稻田土壤中是不可检测的（Bai et al.，2015a；Yang et al.，2015）。而 Long 等（2013）研究认为 *Ca.*

*Jettenia*是Anammox细菌群落中的主要细菌属。与*hzs-β*基因不同的是，*hzo*基因的克隆测序结果仅与*Ca. Brocadia*属具有较高的同源性，表明*hzo*基因的灵敏度较低，也说明*hzs-β*引物比*hzo*引物有更高的特异性（Harhangi et al.，2012）。

# 3.3 稻田土壤厌氧氨氧化与传统氨氧化微生物的关系

在自然生态系统和人工生态系统中，厌氧氨氧化微生物不仅与环境有着密切的关系，而且与其他微生物也有着密切的关系。微生物之间的关系有种内和种间关系，其中厌氧氨氧化细菌种内关系主要体现在群体感应系统，而厌氧氨氧化细菌的种间关系主要是与氨氧化细菌、硝化细菌、反硝化细菌、厌氧甲烷氧化细菌的合作与竞争关系。群体感应作为一种通信机制在微生物细胞之间普遍存在，它能够根据菌群密度和周围环境的变化来调节基因表达，从而控制菌群行为。由于Anammox细菌至今未能实现纯培养，所以对Anammox细菌群体感应的深入研究无从下手。根据目前的研究可以推测，Anammox细菌之间存在群体感应系统。Strous等（1999）的研究表明，只有当Anammox细菌浓度大于$10^{10}$~$10^{11}$个·$mL^{-1}$时，Anammox细菌才具有厌氧氨氧化活性。目前认为Anammox细菌属于革兰氏阴性菌。对于革兰氏阴性菌，*N*-乙酰基高丝氨酸内酯类化合物是其群体感应系统的自诱导物，而*S*-腺苷甲硫氨酸（SAM）和乙酰化载体蛋白是*N*-乙酰基高丝氨酸内酯合成必要的生物分子。Strous等（2006）利用宏基因组学技术对*Candidatus Kuenenia stuttgartiensis*的脂肪酸代谢基因组学信息进行了研究，发现其具有编码SAM和酰基-酰基载体蛋白（acyl-acyl carrier protein, acyl-ACP）的合成酶的相关基因,证明其具有自诱导合成潜力。

目前已发现的 Anammox 细菌有 5 属 17 种。绝大多数情况下,很少能发现两种 Anammox 细菌在相同单一生境等量共存,这意味着 Anammox 细菌的确存在种间的竞争关系。氨氧化细菌(AOB)和氨氧化古菌(AOA)将氨氧化亚硝酸盐,为 Anammox 细菌提供基质,与此同时 Anammox 细菌也为 AOB 和 AOA 去除有毒物质(亚硝酸盐)。在自然生态系统中,AOB、AOA 和 Anammox 细菌经常共同生长在氧最小区域。目前,已在多处海洋的氧最小区域处发现 AOB、AOA 和 Anammox 细菌的存在。AOB、AOA 和 Anammox 细菌都以氨作为基质,然而可溶性氧含量作为一个重要的影响因子可以决定系统中的优势菌种。Anammox 细菌无需氧气,在缺氧条件下占主导作用,但这并不意味着 AOB 和 AOA 会在系统中消失,因为 AOB 和 AOA 有多种代谢方式,这有助于它们在不利的条件下生存。Strous 等(2006)的研究表明,在充入惰性气体,将水中的溶解氧完全吹脱时,Anammox 细菌才具备降解氨及亚硝酸盐的能力。也就是说,只有在严格无氧的条件下才能检测到厌氧氨氧化活性。该研究进一步表明,溶解氧抑制是可逆的。此外,与 AOB 相比,Anammox 细菌的倍增时间长且细胞产率低。当 AOB 与 Anammox 细菌在好氧条件下竞争时,AOB 会获得更多的基质和空间。

稻田土壤在水旱轮作过程中氧化还原电位会发生明显变化,主要受水分影响。Gu 等(2017)对水旱轮作过程中土壤的 Anammox 细菌、AOA 和 AOB 进行分析,发现不管是水稻季还是小麦季均成功检测到土壤 Anammox 细菌的功能基因(图 3.4)。其中,Anammox 细菌每克干土 $hzs\text{-}\beta$ 基因拷贝数为 $1.82\times10^5\sim4.63\times10^6$,$hzo$ 基因拷贝数为 $5.94\times10^5\sim2.29\times10^6$。无论是不同的种植季节,还是不同的采样地点,猪粪配施化肥(PMCF)土壤 Anammox 细菌 $hzo$ 基因拷贝数均处于最高水平。而对于 $hzs\text{-}\beta$ 基因来说，上述规律仅出现在江苏常熟地区的PMCF土壤样品中，且小麦季和水稻季PMCF土壤的$hzs$-$\beta$基因拷贝数相比秸秆配施化肥（SRCF）土壤分别高12.49%和65.33%，与单纯施化肥（CF）相比分别高158.11%和12.62%（图3.4和图3.5）。在另一个地区（金坛）的水稻季，PMCF土壤的$hzo$基因拷贝数比CF和SRCF土壤分别高18.56%和14.59%；在小麦季，每克干土$hzs$-$\beta$与$hzo$基因的平均拷贝数分别为$4.34×10^5$与$1.23×10^6$，与水稻季Anammox细菌基因丰度相比差异显著。

小麦季（图3.6）与水稻季（图3.7）的氨氧化古菌（AOA）和氨氧化细菌（AOB）丰度均高于Anammox细菌。然而，长期不同施肥模式下对AOA和AOB的影响并没有出现像Anammox细菌那样相同的结果。在小麦季常熟和金坛两地土壤中，每克干土AOA-$amoA$基因的平均拷贝数分别为$4.32×10^8$和$5.02×10^8$，显著高于AOB-$amoA$基因的拷贝数（$2.30×10^7$和$5.04×10^7$）。在常熟和金坛两地土壤中，小麦季每克干土AOA-$amoA$基因的拷贝数分别高于水稻季。

利用功能基因$hzs$-$\beta$和$hzo$检测到稻田土壤样品中含有大量的Anammox细菌，与以往研究（Hu et al.,2013;Shen et al.,2014;Wang et al.,2012）预期一致。进一步分析显示，水稻季和小麦季的土壤样品中两种功能基因的丰度存在明显的波动。尽管一些研究已经揭示了陆地蔬菜土壤中的Anammox过程（Shen et al., 2013, 2015），但和水田土壤中Anammox过程研究相比，对在旱地土壤中Anammox作用和特点的探讨相对较少。在水稻季和小麦季土壤中成功检测到高丰度的Anammox细菌，表明长期水稻-小麦轮作能够促进土壤Anammox微生物的活性。

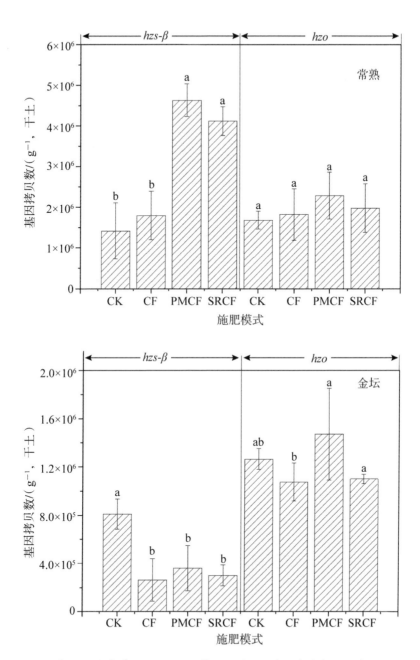

图 3.4　小麦季 Anammox 细菌 *hzs-β* 和 *hzo* 基因丰度（*p*<0.05）

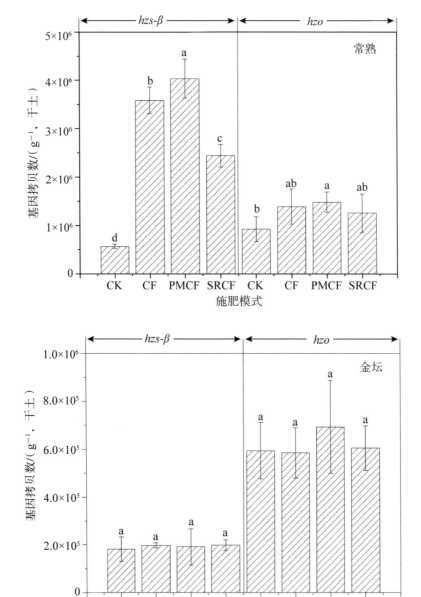

图 3.5　水稻季 Anammox 细菌 *hzs-β* 和 *hzo* 基因丰度（*p*<0.05）

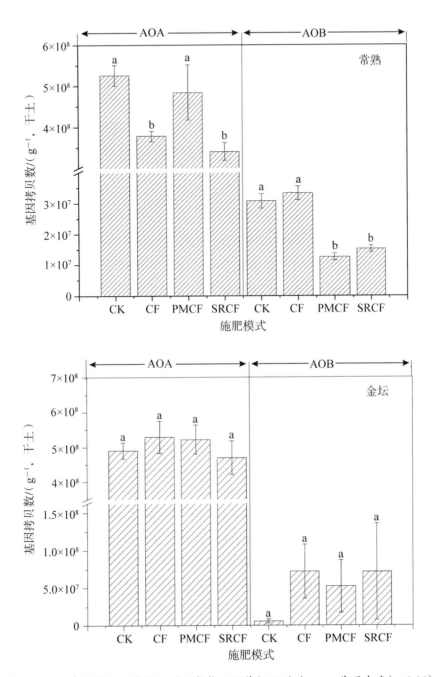

图 3.6　小麦季氨氧化古菌（AOA）和氨氧化细菌（AOB）的 *amoA* 基因丰度（$p<0.05$）

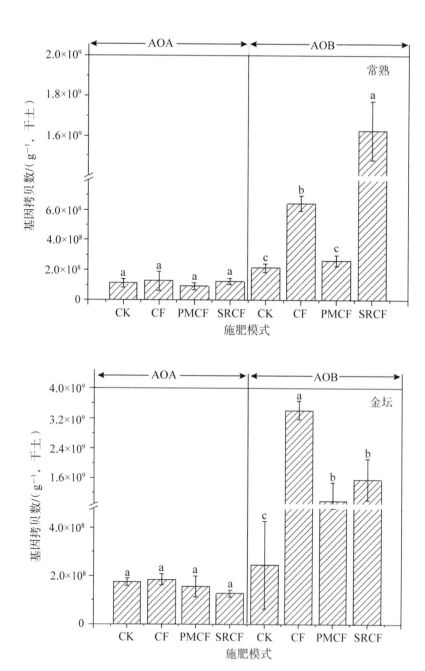

图3.7 水稻季氨氧化古菌（AOA）和氨氧化细菌（AOB）的 *amoA* 基因丰度（*p*<0.05）

在长期进行猪粪配施化肥的土壤中，Anammox 细菌的丰度（$hzs$-$\beta$ 和 $hzo$ 基因丰度）显著提高。这表明肥料类型（如猪粪和秸秆）对 Anammox 细菌丰度有显著的影响（Song et al.，2014；Zhou et al.，2015）。

Anammox 是以 $NO_2^-$ 作为电子受体将 $NH_4^+$ 转化为氮气的过程（Arrigo，2005；Brandes et al.，2007），土壤中的 $NO_2^-$ 由氨氧化细菌或氨氧化古菌参与的氨氧化过程提供，氨氧化过程将 $NH_3$ 转化为 $NO_2^-$（Nicol et al.，2006）。以往的一些定量分析研究表明，在海洋环境、未干扰的土壤和一些农业土壤中，氨氧化细菌 $amoA$ 基因的丰度要低于氨氧化古菌，这些研究结果认为 AOA 是氨氧化过程的主导微生物（Church et al.，2010；Herrmann et al.，2008）。然而，Di 等（2009）发现 AOB 在氮含量较高的土壤中主导氨氧化过程。我们发现小麦季中 AOA 丰度较高，而在水稻季 AOB 丰度更高。这表明在水稻-小麦轮作体系中，AOB 和 AOA 在不同的种植季节分别为 Anammox 过程提供所需 $NO_2^-$。

## 3.4　土壤厌氧氨氧化微生物的群落差异

关于中国不同地区旱地农田土壤的研究表明，Anammox 细菌丰度为每克干土 $6.4 \times 10^4$~$3.7 \times 10^6$ 个拷贝数，Anammox 细菌的优势种群为 *Ca. Brocadia*，其多样性和群落结构与土壤有机质和氨含量显著相关（Shen et al.，2013）。在中国东北典型白浆土的稻田土壤中，Anammox 细菌的优势种群是 *Ca. Scalindua*，且种植水稻 4 年的土壤中，Anammox 细菌多样性高于种植水稻 1 年和 9 年的土壤（Wang et al.，2013）。对中国南方典型稻田土壤的研究表明，Anammox 细菌丰度为每克干土 $1.2 \times 10^4$~$9.6 \times 10^4$ 个拷贝数，可检测到 *Ca. Brocadia* 和 *Ca. Kuenenia* 两个属，Anammox 细菌群落结构受 pH 和氨浓度显著影响（Yang et al.，2015）。

已有的研究表明,Anammox 细菌在不同稻田土壤中的数量和群落结构不尽相同,在施用不同肥料种类和采用不同种植方式的土壤中,其丰度和种群分布也具有一定差异。

一般认为,施肥处理会增加土壤微生物群落结构多样性。稻田 Anammox 细菌群落结构对高氮水平具有较高的响应能力,高氮处理的 Anammox 细菌群落多样性显著高于中、低氮处理和不施肥对照。长期施肥可以改善土壤理化性质,提高土壤肥力和作物产量,对土壤微生物生长的影响更加深远。Anammox 细菌多样性与肥料性质有关,但其数量受土壤性质影响较大。土壤有机质和全氮也是微生物利用底物的重要来源,其含量往往对微生物的生长具有重要影响。Anammox 细菌数量与土壤有机质、全氮和铵态氮含量相关。铵态氮是 Anammox 细菌的底物来源,高铵态氮水平利于其生长。不同地区农田土壤的研究也表明,Anammox 细菌丰度与有机质或铵态氮含量显著正相关(Shen et al., 2013)。由于土壤是复杂的多相系统,且受人为因素干扰较大,对土壤关键因子的生物调控机制及其他指标(如容重、溶解氧、氧化还原电位、温度、土壤团聚体、孔隙度等)与 Anammox 细菌的关系有待深入研究。此外,不同田间管理措施,如灌溉、轮作方式、耕作如何通过影响土壤进而对厌氧氨氧化过程进行调控也有待进一步研究。

通过 Illmina 公司的 HiSeq 测序平台,利用 $hzs-\beta$ 功能基因进行 Anammox 细菌的测序。从土壤样品韦恩图分析可以看出,金坛地区土壤样品的 OTU 数明显高于常熟地区。在常熟地区的水稻季样品中,长期不施肥(CK)和长期纯施化肥(CF)土壤中特有的 OTU 数较多(图 3.8),在小麦季土壤中,长期猪粪配施化肥(PMCF)土壤中的特有 OTU 数较多;在金坛地区,不论是水稻季还是小麦季的土壤,PMCF 土壤中都含有较多的特有 OTU 数,说明 PMCF 土壤系统中,Anammox 细菌群落结构有一定的独特性,与CK、CF、SRCF土壤系统存在明显的不同。

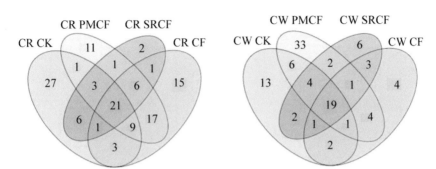

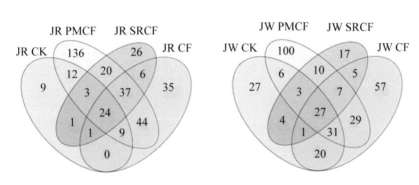

图 3.8 土壤样品OTU的韦恩图分析

注:CR为常熟水稻季,CW为常熟小麦季;JR为金坛水稻季,JW为金坛小麦季。

根据高通量数据OTU数的统计(表3.2),金坛地区样品的OTU数明显高于常熟地区样品,水稻季和小麦季OTU数并没有太大的差异。不论是常熟还是金坛,水稻季和小麦季Anammox细菌OTU数在PMCF土壤系统中相对较高,说明PMCF土壤中Anammox细菌群落结构也较为丰富。而对于富阳地区,油菜季的Anammox细菌OTU数显著高于水稻季。

表3.2　不同试验点土壤样品OTU统计

| 采样点 | 作物 | 施肥模式 | Tag | OTU |
|---|---|---|---|---|
| 常熟 | 水稻 | CF | 32932 | 73 |
| | | CK | 34556 | 71 |
| | | PMCF | 32890 | 69 |
| | | SRCF | 34264 | 41 |
| | 小麦 | CF | 31796 | 35 |
| | | CK | 31796 | 48 |
| | | PMCF | 33232 | 70 |
| | | SRCF | 32376 | 38 |
| 金坛 | 水稻 | CF | 32079 | 156 |
| | | CK | 33000 | 59 |
| | | PMCF | 31470 | 285 |
| | | SRCF | 34126 | 118 |
| | 小麦 | CF | 32483 | 177 |
| | | CK | 33060 | 119 |
| | | PMCF | 31136 | 213 |
| | | SRCF | 33154 | 74 |
| 富阳 | 水稻 | CF | 33887 | 33 |
| | | CK | 32170 | 30 |
| | | CO | 35105 | 42 |
| | 油菜 | CF | 30726 | 103 |
| | | CK | 33712 | 156 |
| | | CO | 30625 | 79 |

注:CO表示化肥配施有机肥料。

　　PCA分析结果表明,PC$_1$对样品差异贡献值为36.34%,PC$_2$对样品差异贡献值为20.09%(图3.9)。在常熟地区,不论是水稻季还是小麦季,Anammox细菌OTU具有较高的相似性,说明不同施肥模式的影响差异并不明显。而在金坛地区,不同施肥模式对 OTU 种类的影响较大,这种群落之间的差异可以通过 $PC_1$ 解释。富阳地区土壤中 Anammox 细菌群落结构在不同种植季节差异较大,这种差异是由 $PC_2$ 引起的,同一种植季节不同施肥模式土壤中 Anammox 细菌群落结构差异并不明显。

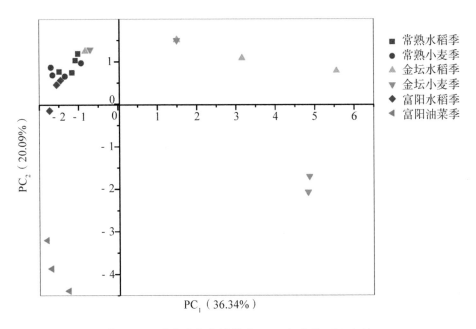

图 3.9 不同试验点土壤样品 OTU 丰度的 PCA 分析

根据不同地区和种植季节土壤生态系统中 Anammox 细菌群落结构的多样性统计(表 3.3)可以发现,金坛地区土壤 Anammox 细菌群落 shannon 指数较高,说明其物种丰富度、均匀度较高;金坛地区较高的 Chao 指数和 ACE 指数表明其同样具有较高的群落丰富度。在常熟地区,CK 和 CF 土壤中 Anammox 细菌 α 多样性指数较高,说明这两个土壤系统中 Anammox 细菌物种丰富度、均匀度及群落丰富度较高。而在金坛地区,PMCF 土壤有较高的 α 多样性指数,因此 PMCF 土壤 Anammox 细菌物种丰富度、均匀度及群落丰富度较高,这与 OTU 数目的统计结果有一定的一致性。相比水稻季,富阳地区油菜季土壤 Anammox 细菌群落 shannon 指数较高,说明其物种丰富度、均匀度较高,较高的 Chao 指数和 ACE 指数也表明其具有较高的群落丰富度。

表 3.3　不同试验点土壤样品 α 多样性统计结果

| 采样点 | 作物 | 施肥模式 | α多样性指数 | | | | |
|---|---|---|---|---|---|---|---|
| | | | Sobs | Chao | ACE | Shannon | Simpson |
| 常熟 | 水稻 | CK | 71.00 | 105.50 | 153.41 | 1.86 | 0.21 |
| | | CF | 73.00 | 86.00 | 84.39 | 1.90 | 0.23 |
| | | PMCF | 69.00 | 75.43 | 78.59 | 1.85 | 0.24 |
| | | SRCF | 41.00 | 56.17 | 79.51 | 1.78 | 0.22 |
| | 小麦 | CK | 48.00 | 72.00 | 134.42 | 1.83 | 0.22 |
| | | CF | 35.00 | 50.60 | 138.86 | 1.86 | 0.20 |
| | | PMCF | 70.00 | 85.30 | 86.64 | 1.73 | 0.25 |
| | | SRCF | 38.00 | 60.75 | 90.85 | 1.85 | 0.20 |
| 金坛 | 水稻 | CK | 59.00 | 97.25 | 75.28 | 1.80 | 0.24 |
| | | CF | 156.00 | 173.00 | 168.58 | 2.12 | 0.33 |
| | | PMCF | 285.00 | 298.57 | 295.98 | 3.71 | 0.08 |
| | | SRCF | 118.00 | 124.11 | 123.59 | 1.80 | 0.32 |
| | 小麦 | CK | 119.00 | 126.33 | 125.16 | 1.80 | 0.32 |
| | | CF | 177.00 | 186.75 | 185.04 | 2.66 | 0.18 |
| | | PMCF | 213.00 | 218.50 | 220.53 | 3.56 | 0.08 |
| | | SRCF | 74.00 | 88.62 | 97.42 | 1.74 | 0.26 |
| 富阳 | 水稻 | CF | 33.00 | 33.60 | 36.82 | 1.95 | 0.19 |
| | | CK | 30.00 | 40.50 | 38.45 | 1.87 | 0.21 |
| | | CO | 42.00 | 64.75 | 95.45 | 1.87 | 0.21 |
| | 油菜 | CF | 103.00 | 116.00 | 112.28 | 2.33 | 0.20 |
| | | CK | 156.00 | 231.43 | 246.64 | 2.48 | 0.16 |
| | | CO | 79.00 | 102.33 | 101.38 | 1.98 | 0.21 |

与 α 多样性分析不同,β 多样性(Beta diversity)分析是用来比较一对样品在物种多样性方面存在的差异大小。可通过分析各类群在样品中的含量,计算出不同样品间的 β 多样性值。可以衡量 β 多样性的指数有多种,如 Bray-Curtis、加权 UniFrac(weighted UniFrac)、非加权 UniFrac(unweighted UniFrac)、Pearson 等。高通量测序中常用的为 Bray-Curtis、加权 UniFrac、非加权 UniFrac。Bray-Curtis 距离是反映两个群落之间差异性的常用指标。Bray-Curtis 距离的计算没有考虑序列间的进化距离,只考虑样品中物种的存在情况。Bray-Curtis 距离的值在 0 到 1 之间,值越大,表示样品间的差异越大。Bray-Curtis 距离结果表明,金坛小麦季 CF、PMCF 土壤和水稻季 PMCF 土壤与其他地区土壤之间 Anammox 细菌群落结构的差异较大(图 3.10),其中金坛水稻季 PMCF 土壤与富阳油菜季CF、CF 土壤,以及金坛小麦季 CF 土壤与富阳油菜季 CK 土壤之间的差异最大。其他试验点处理之间 Anammox 细菌群落结构差异并不明显。

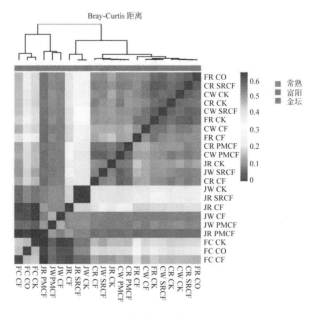

图 3.10　不同试验点土壤样品 β 多样性热图(Bray-Curtis)

UniFrac利用系统进化的信息来比较样品间的物种群落差异,其计算结果可以作为一种衡量β多样性的指数。它考虑了序列间的进化距离,该指数越大,表示样品间的差异越大。本书中的UniFrac结果分为加权UniFrac(图3.11)与非加权UniFirac(图3.12)两种,其中加权UniFrac考虑了序列的丰度,非加权UniFrac不考虑序列丰度。非加权UniFirac分析结果表明,金坛小麦季CF土壤与其他地区施肥土壤的Anammox细菌群落结构存在较大差异(图3.11)。如果考虑序列的丰度,从加权UniFirac的数据结果可以看出,富阳水稻季各施肥模式与金坛水稻季CF、PMCF、SRCF和金坛小麦季CK、CF、PMCF之间土壤Anammox细菌群落结构存在较大的差异。常熟地区小麦季土壤中Anammox细菌群落结构与金坛水稻季CF、PMCF、SRCF和金坛小麦季CK、CF土壤中Anammox细菌群落结构之间存在较大差异。常熟小麦季SRCF与金坛小麦季CF、PMCF及金坛水稻季PMCF之间土壤Anammox细菌群落结构有较大差异(图3.12)。Bray-Curtis距离分析和UniFrac分析表明,金坛小麦季CF、PMCF和水稻季PMCF土壤与其他地区不同施肥模式土壤之间Anammox细菌群落结构具有较大的差异。以上Bray-Curtis距离分析和UniFrac的分析说明,不同种植季节及不同施肥模式下不同地区土壤Anammox细菌群落结构具有较大的差异。

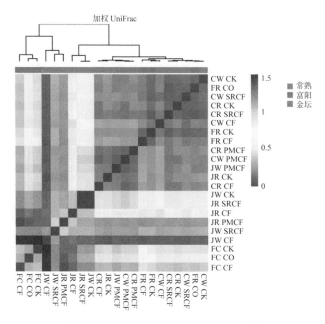

图 3.11　β 多样性热图（加权 UniFrac）

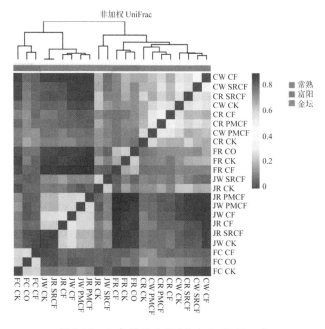

图 3.12　β 多样性热图（非加权 UniFrac）

# 参考文献

Arrigo, K. R. 2005. Marine microorganisms and global nutrient cycles. Nature, 437(7057): 349-355.

Bai, R., Chen, X., He, J. Z., et al. 2015a. *Candidatus Brocadia* and *Candidatus Kuenenia* predominated in Anammox bacterial community in selected Chinese paddy soils. Journal of Soils and Sediments, 15 (9): 1977-1986.

Bai, R., Xi, D., He, J. Z., et al. 2015b. Activity, abundance and community structure of Anammox bacteria along depth profiles in three different paddy soils. Soil Biology and Biochemistry, 91: 212-221.

Brandes, J. A., Devol, A. H., Deutsch, C. 2007. New developments in the marine nitrogen cycle. Chemical Reviews, 107(2): 577-589.

Church, M. J., Wai, B., Karl, D. M., et al. 2010. Abundances of crenarchaeal *amoA* genes and transcripts in the Pacific Ocean. Environmental Microbiology, 12(3): 679-688.

Dang, H. Y., Zhou, H. X., Zhang, Z. W., et al. 2013. Molecular detection of *Candidatus Scalindua* pacifica and environmental responses of sediment Anammox bacterial community in the Bohai Sea, China. PLoS One, 8(4): e61330.

Di, H. J., Cameron, K. C., Shen, J. P., et al. 2009. Nitrification driven by bacteria and not archaea in nitrogen-rich grassland soils. Nature Geoscience, 2(9): 621-624.

Gu, C., Zhou, H. F., Zhang, Q. C., et al. 2017. Effects of various fertilization regimes on abundance and activity of anaerobic ammonium oxidation bacteria in rice-wheat cropping systems in China. Science of the Total

Environment, 599: 1064-1072.

Harhangi, H. R., Le Roy, M., van Alen, T., et al. 2012. Hydrazine synthase, a unique phylomarker with which to study the presence and biodiversity of Anammox bacteria. Applied and Environmental Microbiology, 78(3): 752-758.

Herrmann, M., Saunders, A. M., Schramm, A. 2008. Archaea dominate the ammonia-oxidizing community in the rhizosphere of the freshwater macrophyte *Littorella uniflora*. Applied and Environmental Microbiology, 74(10): 3279-3283.

Hirsch, M. D., Long, Z. T., Song, B. 2011. Anammox bacterial diversity in various aquatic ecosystems based on the detection of hydrazine oxidase genes (*hzoA/hzoB*). Microbial Ecology, 61(2): 264-276.

Hu, B. L., Shen, L. D., Liu, S., et al. 2013. Enrichment of an Anammox bacterial community from a flooded paddy soil. Environmental Microbiology Reports, 5(3): 483-489.

Humbert, S., Tarnawski, S., Fromin, N., et al. 2010. Molecular detection of anammox bacteria in terrestrial ecosystems: Distribution and diversity. The ISME Journal, 4(3): 450-454.

Kartal, B., Maalcke, W. J., de Almeida, N. M., et al. 2011. Molecular mechanism of anaerobic ammonium oxidation. Nature, 479 (7371): 127-130.

Li, M., Hong, Y., Klotz, M. G., et al. 2010. A comparison of primer sets for detecting 16S rRNA and hydrazine oxidoreductase genes of anaerobic ammonium-oxidizing bacteria in marine sediments. Applied Microbiology and Biotechnology, 86(2): 781-790.

Long, A., Heitman, J., Tobias, C., et al. 2013. Co-occurring Anammox, denitrification, and codenitrification in agricultural soils. Applied and Environmental Microbiology, 79(1): 168-176.

Nicol, G. W., Schleper, C. 2006. Ammonia-oxidising Crenarchaeota: Important players in the nitrogen cycle? Trends in Microbiology, 14(5): 207-212.

Quan, Z. X., Rhee, S. K., Zuo, J. E., et al. 2008. Diversity of ammonium-oxidizing bacteria in a granular sludge anaerobic ammonium-oxidizing (Anammox) reactor. Environmental Microbiology, 10(11): 3130-3139.

Shen, L. D., Liu, S., Huang, Q., et al. 2014. Evidence for the cooccurrence of nitrite-dependent anaerobic ammonium and methane oxidation processes in a flooded paddy field. Applied and Environmental Microbiology, 80(24): 7611-7619.

Shen, L. D., Liu, S., Lou, L. P., et al. 2013. Broad distribution of diverse anaerobic ammonium-oxidizing bacteria in Chinese agricultural soils. Applied and Environmental Microbiology, 79(19): 6167-6172.

Shen, L. D., Wu, H. S., Gao, Z. Q., et al. 2015. Occurrence and importance of anaerobic ammonium-oxidising bacteria in vegetable soils. Applied Microbiology and Biotechnology, 99(13): 5709-5718.

Song, Y. N., Lin, Z. M. 2014. Abundance and community composition of ammonia-oxidizers in paddy soil at different nitrogen fertilizer rates. Journal of Integrative Agriculture, 13(4): 870-880.

Sonthiphand, P., Hall, M. W., Neufeld, J. D. 2014. Biogeography of anaerobic ammonia-oxidizing (Anammox) bacteria. Frontiers in Microbiology, 5: 399.

Strous, M., Fuerst, J.A., Kramer, E. H. M., et al. 1999. Missing lithotroph identified as new planctornycete. Nature, 400(6743): 446-449.

Strous, M., Kenlletier, E., Mangenot, S., et al. 2006. Deciphering the evolution and metabolism of an Anammox bacterium from a community genome. Nature, 440(7085): 790-794.

Wang, J., Gu, J. D. 2013. Dominance of *Candidatus* Scalindua species in Anammox community revealed in soils with different duration of rice paddy cultivation in Northeast China. Applied Microbiology and Biotechnology, 97(4): 1785-1798.

Wang, S. Y., Zhu, G. B., Peng, Y. Z., et al. 2012. Anammox bacterial abundance, activity, and contribution in riparian sediments of the Pearl River estuary. Environmental Science & Technology, 46(16): 8834-8842.

Wang, Y., Zhu, G. B., Harhangi, H. R., et al. 2012. Co-occurrence and distribution of nitrite-dependent anaerobic ammonium and methane-oxidizing bacteria in a paddy soil. FEMS Microbiology Letters, 336(2): 79-88.

Yang, X. R., Li, H., Nie, S. A., et al. 2015. Potential contribution of Anammox to nitrogen loss from paddy soils in Southern China. Applied and Environmental Microbiology, 81(3): 938-947.

Zhou, X., Fornara, D., Wasson, E. A., et al. 2015. Effects of 44 years of chronic nitrogen fertilization on the soil nitrifying community of permanent grassland. Soil Biology and Biochemistry, 91: 76-83.

Zhu, G. B., Wang, S. Y., Wang, Y., et al. 2011. Anaerobic ammonia oxidation in a fertilized paddy soil. The ISME Journal, 5(12): 1905-1912.

# 第4章　稻田土壤厌氧氨氧化与有机碳

## 4.1　有机碳源对稻田土壤厌氧氨氧化速率的影响

厌氧氨氧化(Anammox)作为全球氮循环重要的微生物过程,由一类独特的、被称为"Anammox细菌"的专性厌氧微生物催化完成。厌氧氨氧化在污水处理领域显示出良好的应用潜力,目前厌氧氨氧化工艺及其应用已成研究的热点。因此,许多学者就有机物对Anammox细菌的影响进行了一系列的探讨(Chamchoi et al.,2008;Isaka et al.,2008)。有研究结果认为Anammox细菌与反硝化细菌在低浓度有机物存在下可以共存和相互促进,但当有机物含量较高时,Anammox的活性大大降低(卢俊平等,2008;朱静平等,2006)。这是因为在厌氧条件下,有机物会作为电子供体和亚硝酸盐发生反硝化作用,导致异养的反硝化细菌快速生长繁殖,反硝化细菌与Anammox细菌竞争生存空间和底物,从而抑制Anammox细菌的活性。也有研究结果表明,在有机物存在的情况下,Anammox细菌依旧占主导地位,并与反硝化细菌竞争且首先利用有机碳源,代谢途径呈现出多样化(Kartal et al.,2007;Rattray et al.,2009)。还有学者认为,反硝化能消耗有机物,产生$CO_2$为厌氧氨氧化解毒,同时提供无机碳源;厌氧氨氧化能产生硝态氮,为反硝化提供电子受体,两者可实现协同作用。甚至有学者指出两者之间并无竞争。关于有机碳对Anammox的影响研究目前主要集中在污水处理器中的流出物上。至今,学术界就碳源水平对Anammox的抑制效果尚不明晰。

有关陆地生态系统Anammox的研究主要集中在土地利用模式和土地类型[如蔬菜土壤(Shen et al.,2015)、稻田土壤(Yang et al.,2015;Zhu et al.,2011)、湿地土壤(Hou et al.,2015;Zhu et al.,2010)等]的影响方面。为了获得更高的作物产量,农民在土壤中使用大量的肥料,如化肥、有机肥料和微生物肥料。各种肥料的施入将造成土壤中出现不同的有机碳源。Yang等(2015)的研究提出土壤Anammox活性与土壤中的C/N比率具有高度相关性。有机碳源对土壤中Anammox过程的影响不能通过去除碳源来避免。因此,碳源对土壤中Anammox速率的影响是不可避免的。土壤有机碳的来源及种类较多,进入稻田土壤的有机肥主要有猪粪、羊粪、秸秆等,所含的有机碳主要有糖类化合物(如淀粉、葡萄糖等)、纤维素、半纤维素、树脂、单宁、木质素等。

通常通过 $^{15}N$ 稳定性同位素示踪来分析外源有机碳源对土壤Anammox活性及 $N_2$ 产生速率的影响,即向不同外源有机碳源处理的土壤中加入 $^{15}NO_3^-$(99% $^{15}N$)并进行培养,通过 $^{29}N_2$ 和 $^{30}N_2$ 的产生量计算Anammox和反硝化速率及其对 $N_2$ 产生的贡献率。本书对一系列外源有机碳源培养下Anammox速率进行了总结。在添加 $^{15}NO_3^-$ 的土壤溶液中,通过厌氧培养,Anammox和反硝化过程产生的 $^{29}N_2$ 和 $^{30}N_2$ 均显著累积。当外源添加葡萄糖(GL)时Anammox速率为1.04nmol $N_2 \cdot g^{-1} \cdot h^{-1}$,而在不加外源碳(CK)时的Anammox速率为3.19nmol $N_2 \cdot g^{-1} \cdot h^{-1}$(图4.1)。可见,CK土壤中Anammox速率显著高于碳源添加的土壤。对于不同的外源有机碳,土壤Anammox速率差异明显,添加猪粪(PM)后土壤具有最高的Anammox速率(2.31nmol $N_2 \cdot g^{-1} \cdot h^{-1}$),而添加GL后土壤的Anammox速率最低(1.04nmol $N_2 \cdot g^{-1} \cdot h^{-1}$)。与Anammox速率相比,反硝化速率显著较高,最高值出现在添加GL的土壤(23.59nmol $N_2 \cdot g^{-1} \cdot h^{-1}$)中,不加外源碳的土壤反硝化速率最低(11.16nmol $N_2 \cdot g^{-1} \cdot h^{-1}$)。添加氮肥尿素(UR)和PM的土壤反硝化速率也显著低于添加GL的土壤。根据这些速率数据计算Anammox与反硝化对$N_2$产生的贡献率(图4.2)。在所有研究结果中,$N_2$产生量的4.23%~22.25%归因于Anammox过程,其余部分归因于反硝化过程。

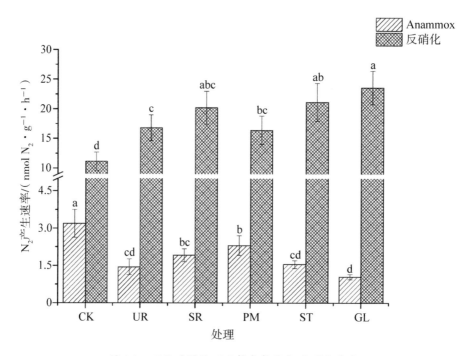

图4.1　不同碳源处理厌氧氨氧化与反硝化速率

注:SR表示秸秆;ST表示淀粉。$p<0.05$。

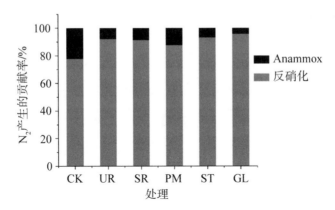

图 4.2　不同的碳源处理厌氧氨氧化和反硝化过程对土壤 $N_2$ 产生的贡献率

Shan 等(2016)的研究表明 Anammox 和反硝化速率与土壤有机碳浓度显著相关(Shan et al.,2016)。Zhang 等(2018)也证实,不同有机碳源添加后的土壤中的 Anammox 活性显著降低,反硝化活性显著提高(图4.1)。有机碳的添加对 Anammox 和反硝化活性有显著影响,特别是外源添加葡萄糖的土壤。与淀粉等复杂有机物相比,葡萄糖作为最常见的单糖,更易被微生物利用,因此对 Anammox 和反硝化作用的影响也更为明显。相比之下,猪粪对 Anammox 和反硝化活性影响较小。目前的研究表明,通过 $^{15}N$ 稳定性同位素示踪技术测定,Anammox 过程对 $N_2$ 产生的贡献率一般为 10% 左右(Bai et al.,2015;Yang et al.,2015),个别土壤中可达 30% 以上(Zhu et al.,2011)。Zhang 等(2018)研究结果显示,所有样品中 Anammox 过程对土壤 $N_2$ 产生的贡献率均低于 25%,不添加外源有机碳的土壤中 Anammox 过程对 $N_2$ 产生的贡献率最高,贡献率为 22.25%(图 4.2)。对于添加有机碳的土壤,不管有机碳的类型及来源是什么, Anammox 过程对 $N_2$ 生产的贡献率均有所降低,且土壤 Anammox 速率显著降低,反硝化速率显著增加。因此,添加有机碳源促进了反硝化活性,其与 Anammox 竞争来抑制 Anammox 过程。

# 4.2 有机碳对土壤厌氧氨氧化细菌丰度的影响

土壤微生物是生活在土壤中的细菌、真菌、放线菌、藻类等的总称,其个体微小,一般以微米或纳米为尺度,通常1g土壤中有几亿到几百亿个,其种类和数量随成土环境及土层深度而变化。它们在土壤中进行氧化、硝化、氨化、固氮、硫化等过程,促进土壤有机质的分解和养分的转化,是土壤中物质形成与转化的关键动力,伴随着土壤的形成与发育,在维系土壤结构、保育土壤肥力、影响土壤植被等方面起着不可替代的作用。土壤微生物在参与土壤有机质的分解过程中,会使土壤有机碳组分改变,影响土壤$CO_2$的排放,最终影响陆地碳循环,而外源有机碳的输入与输出更是生物量生产下能够转化进入土壤的有机碳的能力与微生物分解释放出碳的能力的平衡。因此,在土地利用变化过程中,土壤微生物具有调节有机碳变化的重要作用。

Anammox细菌作为土壤氮素转化的重要微生物,被认为是绝对厌氧菌;而反硝化细菌为兼性厌氧菌,可消耗土壤体系中的氧气,为Anammox细菌提供无氧环境,另外反硝化细菌能利用有机物去除Anammox细菌反应生成的$NO_3^-$。有机物是合成Anammox细菌细胞的主要物质,有机物的存在能够提高Anammox细菌的丰度和产量。传统观点认为Anammox细菌是化能无机自养型,随着研究的不断深入,Anammox细菌表现出多种代谢途径。由于代谢的多样性,在不同外源有机碳作用下土壤中Anammox细菌丰度表现不同。基于DNA-SIP技术对不同外源有机碳作用15天和45天后的土壤Anammox细菌丰度进行分析。不同浮力密度DNA样品的定量PCR分析结果表明,与对照组$^{12}CO_2$培养后的样品不同,$^{13}CO_2$培养15天后样品的土壤DNA主要富集在浮力密度为$1.74g \cdot mL^{-1}$的梯度带中(图4.3)。提取15天不同碳源作用后的土壤DNA,进一步进

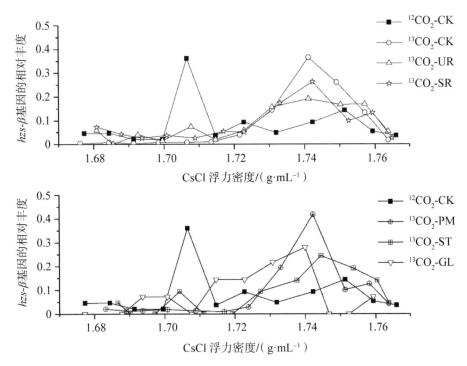

图4.3 实时荧光定量PCR分析不同浮力密度DNA中Anammox
细菌 $hzs$-$\beta$ 基因的相对丰度变化

注:实验设置两个空白对照,在土壤培养过程中只通 $^{12}CO_2$ 或 $^{13}CO_2$,而不加有机碳源( $^{12}CO_2$-CK和 $^{13}CO_2$-CK);处理组在通 $^{13}CO_2$ 的基础上添加各类外源有机碳。

行密度梯度离心,分离出 $^{13}C$ 标记的DNA,并对提取到的 $^{13}C$-DNA进行 $hzs$-$\beta$ 功能基因的定量检测(图4.4)。通过对不同浮力密度DNA样品的定量PCR,发现浮力密度为 $1.74g \cdot mL^{-1}$ 左右的样品中出现了最高丰度的Anammox细菌。其中,没有添加有机碳(CK)的土壤Anammox细菌丰度最高。与CK土壤相比,除了添加猪粪外,其他外源碳源作用的土壤中 $hzs$-$\beta$ 基因的拷贝数显著减少。尽管添加猪粪(PM)土壤中 $hzs$-$\beta$ 基因的拷贝数减少,但与CK土壤差异并不显著。在5种不同的外源碳源土壤中,添加尿素(UR)土壤的Anammox细菌丰度最低,PM的丰度最高。与CK

相比,添加其他碳源土壤中 $hzs$-$\beta$ 功能基因拷贝数分别下降 86.60%、76.08%、12.75%、95.42% 和 96.57%。可以看出,不论何种类型,在培养过程中有机碳源的添加在一定程度上都抑制了 Anammox 过程,使 Anammox 细菌丰度下降。

同时,通过 $hzs$-$\beta$ 基因的定量 PCR 来确定经 15 天和 45 天培养土壤中 Anammox 细菌的种群大小(图4.5)。结果表明,不论是 15 天还是 45 天的培养,外源添加猪粪(PM)后土壤的 Anammox 细菌丰度最高。在培养 15 天后,PM 土壤中 $hzs$-$\beta$ 基因拷贝数相比 CK 土壤高 151.12%,并且和其他碳源作用土壤的 $hzs$-$\beta$ 基因拷贝数差异显著,这说明猪粪的添加提高了 Anammox 细菌的丰度(图4.5)。然而,尿素、秸秆、淀粉和葡萄糖作用下 Anammox 细菌的丰度较低,分别比 CK 下降了 20.57%、36.66%、30.62% 和 35.38%,说明这些碳源的添加对 Anammox 细菌有一定的抑制作用。与培养 15 天后的 Anammox 细菌丰度相比,培养 45 天后的 Anammox 细菌数量有显著的提高。

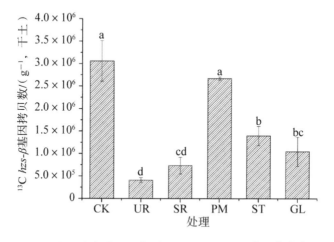

图 4.4　15 天后不同碳源处理 $^{13}$C 标记 Anammox 细菌的丰度($p$<0.05)

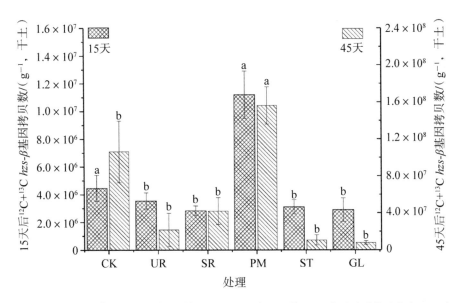

图 4.5　添加不同有机碳源后 $^{12}C$ 和 $^{13}C$ 标记 Anammox 细菌 hzs-β 基因的总拷贝数($p<0.05$)

实时荧光定量 PCR 是准确测定 $^{13}C$-DNA 在不同浮力密度 DNA 样品中富集的最佳方法。密度梯度离心后的 qPCR 结果显示,有机碳源的添加可抑制 Anammox 细菌的丰度(图 4.5)。由于猪粪具有较为复杂的微生物群落,PM 土壤中 qPCR 结果高于添加其他碳源的土壤。在整体的 $^{12}C+^{13}C$ 的 hzs-β 功能基因定量结果中,除了 PM 土壤中 qPCR 结果较高外,其他处理组的 qPCR 具有相似的结果(图 4.5)。有研究表明,Anammox 细菌在有机物存在下依然占主导地位,它与反硝化细菌竞争,并且首先利用有机碳源,代谢途径多样化(Kartal et al.,2007;Rattray et al.,2009)。但我们研究发现,有机碳源的添加降低 Anammox 细菌的丰度,丰度下降范围为 12.75%~96.57%。尽管随着厌氧培养时间的延长,Anammox 细菌的 hzs-β 功能基因拷贝数显著增加,但添加有机碳源后土壤 Anammox 细菌的增长率明显低于不添加有机碳源的土壤(图 4.5)。

## 4.3 有机碳源对土壤厌氧氨氧化细菌群落结构的影响

有机碳的分子构成和周转动态受到微生物的调控,具体表现为微生物通过降解和生成作用影响有机碳分子的多样性,并在此过程中形成有机碳分子性状,包括分子量和生物可利用性等,这些性状决定有机碳的归趋。同时,有机碳作为微生物新陈代谢的能量和碳源,影响微生物群落的组成、多样性和功能。对添加猪粪(PM)的土壤样品进行 $^{13}$C-DNA $hzs\text{-}\beta$ 基因克隆文库的构建,并与不添加有机碳(CK)的土壤进行对比,通过系统发育分析确定活性 Anammox 细菌群落结构(图 4.6)。通过 Muthor 软件将 CK 和 PM 土壤中的 75 个 Anammox 细菌 $hzs\text{-}\beta$ 基因序列以 98% 的相似性聚类成 10 个 OTU,之后进行系统发育分析和 α 多样性指数

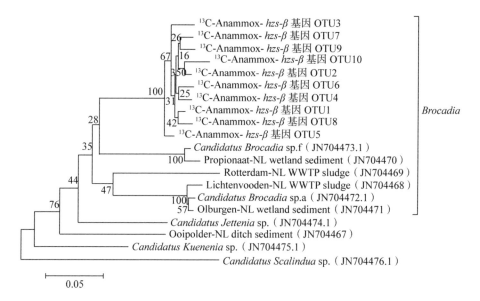

图 4.6 Anammox 细菌 $hzs\text{-}\beta$ 基因序列的系统发育分析

分析(表 4.1)。CK 和 PM 土壤中 100% 的 $^{13}$C 标记的 Anammox 细菌 $hzs$-$\beta$ 功能基因在系统发育上与 *Ca. Brocadia* 属具有较高的同源性(图 4.6),说明 CK 和 PM 土壤中 $^{13}$C 标记的 Anammox 细菌都为 *Ca. Brocadia* 属。通过 $\alpha$ 多样性指数分析,可以得出结论,尽管 PM 土壤在一定程度上降低了活性 Anammox 细菌的丰度(图 4.4),但其生物多样性仍然高于 CK(表 4.1),说明添加猪粪增加了 Anammox 细菌的生物多样性。

表 4.1　基于 $hzs$-$\beta$ 基因的 Anammox 细菌 $\alpha$ 多样性指数

| 土样 | Anammox OTU | $\alpha$ 多样性指数 | | 基因拷贝数(g$^{-1}$,干土) |
| --- | --- | --- | --- | --- |
| | | Simpson | Shannon–Wiener | |
| CK | 6 | 0.51 | 1.56 | $3.06\times10^6(\pm4.53\times10^5)$ |
| PM | 8 | 0.79 | 2.57 | $2.67\times10^6(\pm3.67\times10^4)$ |

# 参考文献

卢俊平,杜兵,张志,等. 2008. 有机物对厌氧氨氧化生物脱氮影响研究. 工业用水与废水,39(4):6-9.

朱静平,胡勇有,闫佳. 2006. 有机碳源条件下厌氧氨氧化 ASBR 反应器中的主要反应. 环境科学,27(7):1353-1357.

Bai, R., Xi, D., He, J. Z., et al. 2015. Activity, abundance and community structure of Anammox bacteria along depth profiles in three different paddy soils. Soil Biology and Biochemistry, 91: 212-221.

Chamchoi, N., Nitisoravut, S., Schmidt, J. E. 2008. Inactivation of Anammox communities under concurrent operation of anaerobic ammonium oxidation(ANAMMOX)and denitrification. Bioresource Technology, 99(9): 3331-3336.

Hou, L. J., Zheng, Y. L., Liu, M., et al. 2015. Anaerobic ammonium oxidation and its contribution to nitrogen removal in China's coastal wetlands. Scientific Reports, 5(1): 1-11.

Isaka, K., Suwa, Y., Kimura, Y., et al. 2008. Anaerobic ammonium oxidation (Anammox) irreversibly inhibited by methanol. Applied Microbiology and Biotechnology, 81(2): 379-385.

Kartal, B., Rattray, J., van Niftrik, L. A., et al. 2007. *Candidatus* *"Anammoxoglobus propionicus"* a new propionate oxidizing species of anaerobic ammonium oxidizing bacteria. Systematic and Applied Microbiology, 30(1): 39-49.

Rattray, J. E., Geenevasen, J. A. J., van Niftrik, L., et al. 2009. Carbon isotope-labelling experiments indicate that ladderane lipids of Anammox bacteria are synthesized by a previously undescribed, novel pathway. FEMS Microbiology Letters, 292(1): 115-122.

Shan, J., Zhao, X., Sheng, R., et al. 2016. Dissimilatory nitrate reduction processes in typical Chinese paddy soils: Rates, relative contributions, and influencing factors. Environmental Science & Technology, 50(18): 9972-9980.

Shen, L. D., Wu, H. S., Gao, Z. Q., et al. 2015. Occurrence and importance of anaerobic ammonium-oxidising bacteria in vegetable soils. Applied Microbiology and Biotechnology, 99(13): 5709-5718.

Yang, X. R., Li, H., Nie, S. A., et al. 2015. Potential contribution of Anammox to nitrogen loss from paddy soils in Southern China. Applied and Environmental Microbiology, 81(3): 938-947.

Zhang, Q. C., Gu, C., Zhou, H. F., et al. 2018. Alterations in anaerobic ammonium oxidation of paddy soil following organic carbon treatment estimated using 13C-DNA stable isotope probing. Applied Microbiology and Biotechnology. 102: 1407-1416.

Zhu, G. B., Jetten, M. S. M., Kuschk, P., et al. 2010. Potential roles of anaerobic ammonium and methane oxidation in the nitrogen cycle of wetland ecosystems. Applied Microbiology and Biotechnology, 86(4): 1043-1055.

Zhu, G. B., Wang, S. Y., Wang, Y., et al. 2011. Anaerobic ammonia oxidation in a fertilized paddy soil. The ISME Journal, 5(12): 1905-1912.

# 第5章 稻田水分管理下的厌氧氨氧化过程

## 5.1 稻田水分管理下厌氧氨氧化与$N_2$的产生

精细化的管理是水稻稳产高产的必要手段,通过加强水肥管理、水温调节,达到壮根、壮秆和促蘖的目的,从而实现稳产、增产、优质的生产目标。一般水稻移栽后不宜大水漫灌,应以浅灌为主。水层深度以苗高的一半为宜,最多不超过苗高的2/3,不能淹过苗心。这样的水层一方面能防止叶片水分过度蒸腾而导致苗枯;另一方面也可以起到保湿的作用,防止夜晚气温低而产生冻苗。待水稻苗开始返青,要把水放掉一些,保持浅水层(深度控制在3~5cm)。这样的浅水层透光性好,利于水温、地温的提升,能有效促进秧苗的根系发育,使秧苗出根快、发新根多、早分蘖。另外,秧苗返青后也需经常采取间歇的方式灌溉,一次灌3~5cm浅水,然后任其自然落干,待田中坑窝有水、田面无水再进行灌水,循环进行。在水稻对水分不敏感时期(如水稻的有效分蘖基本终止时)晒田。此外,为了保证灌溉不会导致地温过低而影响水稻的生长,农户经常要进行增温灌溉。可见,水稻生长期的水分含量变化很大。

Anammox 被发现于20世纪90年代(Mulder et al., 1995)。它是以$NH_4^+$为电子供体,以$NO_2^-$为电子受体,生成$N_2$的生物反应。与传统的硝化与反硝化过程相比,Anammox 过程有许多的优势:不再需要外加有机碳源以提供电子供体;氧气得到较高效利用,氧气供给量和消耗下降;过程中不产生碱,因此无需使用中和的化学试剂,减少运行费用的同时避免了进一步污染。因此,Anammox 过程在废水处理的脱氮过程中具有广泛的应用前景,越来越多的研究将重点集中在 Anammox 的影响因素上(白玥萌,2015;刘金苓等,2009;刘文,2015;吕锋,2016;杨岚等,2010)。

目前的研究结果表明,影响 Anammox 过程的因素主要有以下几个:亚硝酸盐、醇类、溶解氧、NO(白玥萌,2015)。过高的亚硝酸盐含量会抑制 Anammox 过程,降低脱氮的效率(Kimura et al.,2010;Strous et al.,1999)。在 Isaka 等(2008)的研究中,甲醇的存在会明显抑制 Anammox 过程,并且这种抑制作用是不可恢复的。厌氧氨氧化细菌是一种厌氧菌。有研究表明,当溶解氧浓度过高时,环境中的 Anammox 过程受到抑制;当溶解氧浓度下降时,Anammox 活性会恢复(Kimura et al.,2011)。这说明氧气的存在对 Anammox 过程产生明显的抑制作用。所以,在厌氧氨氧化细菌的富集培养和厌氧氨氧化工艺启动中,为了实现厌氧,对进水箱或反应器进行系统的曝气(氮气或者氩气)。

在土壤环境中,溶解氧的含量主要取决于土壤水分的含量。因此,在水稻生长过程中不同的水分管理会明显影响 Anammox 的活性,从而影响土壤 Anammox 过程对产生 $N_2$ 的贡献。水稻生长过程中水分含量变化较少,比较常见的水分状态为:灌溉至70%田间持水量(FC)、干湿交替灌溉、淹水灌溉至3cm(淹水 I,溶解氧浓度为 $5.8mg \cdot L^{-1}$)、淹水灌溉>5cm(淹水 II,溶解氧浓度为 $2.6mg \cdot L^{-1}$)。我们研究团队通过 $^{15}NO_3^-$ 的土壤溶液培养法,对稻田土壤常见水分状况下 Anammox 过程的 $N_2$ 产生情况进行了分析。从 Anammox 与反硝化活性的结果可以看出(图5.1),Anammox 速率在0.56(长期纯施化肥稻田土壤进行70% FC 的水分管理)~1.47nmol $N_2 \cdot g^{-1} \cdot h^{-1}$[秸秆配施化肥(SRCF)稻田土壤进行淹水Ⅱ水分管理]。不同水分管理中,70% FC水分管理土壤的Anammox速率最低(0.61nmol $N_2 \cdot g^{-1} \cdot h^{-1}$),淹水Ⅱ水分管理最高(1.14nmol $N_2 \cdot g^{-1} \cdot h^{-1}$);从不同的施肥模式来看,猪粪配施化肥(PMCF)稻田土壤中的Anammox速率最低(0.76nmol $N_2 \cdot g^{-1} \cdot h^{-1}$),最高Anammox速率出现在SRCF稻田土壤中(1.01nmol $N_2 \cdot g^{-1} \cdot h^{-1}$)。研究结果还表明,在溶解氧含量较高的淹水Ⅰ水分管理中,稻田土壤Anammox速率较低。

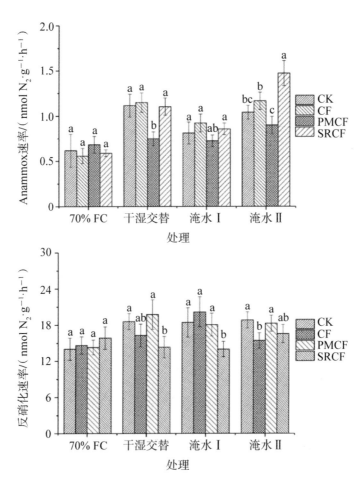

图5.1 不同施肥模式和水分管理下厌氧氨氧化与反硝化速率($p<0.05$)

通过 Anammox 速率和反硝化速率,可计算出不同施肥模式和水分管理下 Anammox 与反硝化作用对 $N_2$ 释放的贡献率(图 5.2)。可以看出,在所有水分管理和施肥模式下 Anammox 过程对 $N_2$ 产生的贡献率在 3.58%~8.17%(低于 10%)。其中,70% FC 水分管理下 Anammox 过程对 $N_2$ 产生的贡献率最低(只有 4.01%),低溶解氧含量的淹水 II 水分管理下 Anammox 过程对 $N_2$ 产生的贡献率最高(6.28%),PMCF 施肥模式下 Anammox 过程对 $N_2$ 产生的贡献率最低(4.19%),SRCF 施肥模式下 Anammox 过程对 $N_2$ 产生的贡献率为 6.17%(贡献率最高的施肥模式)。这与前人的研究结果有一定的差距,稻田土壤中 Anammox 过程对 $N_2$ 产生的贡献率一般在 10% 左右(Bai et al.,2015b;Yang et al.,2015),尽管淹水管理提高了 Anammox 速率并增加了其对 $N_2$ 产生的贡献率,但反硝化仍然是 $N_2$ 产生的主要来源。

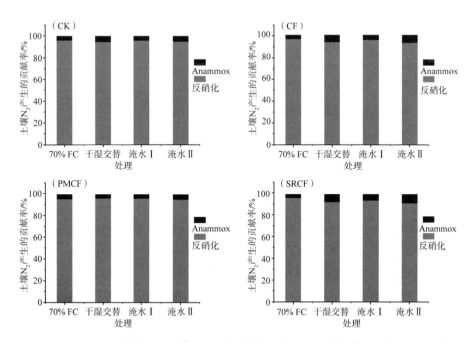

图 5.2　不同施肥模式和水分管理下厌氧氨氧化和反硝化对土壤 $N_2$ 产生的贡献率

# 5.2 稻田水分管理下厌氧氨氧化细菌群落丰度

土壤水分状况是水稻生态系统中一个重要的生态因子。气候的季节性变化、水稻田频繁的周期性灌溉排水,这些干湿交替使稻田土壤处于嫌气、好气或兼性好气生境。这种特殊生境给稻田土壤的物理、化学性质等带来明显改变,如土壤团聚体的分散与聚合、有机碳氮的周转与转化、土壤pH和氧化还原电位(Eh)变化等。毫无疑问,也对土壤生物学特性、土壤微生物群落多样性及活性产生深刻的影响。不同水分和养分条件影响了稻田土壤化学和微生物生态特性,这些指标的变化能迅速及时地反映土壤环境变化。

水是微生物新陈代谢不可或缺的物质,也是微生物自身生存需要依赖的物质基础。水可以保持微生物自身生存环境的平衡,也是微生物之间进行物质交换必要的媒介。土壤中水分条件的变化影响着土壤微生物的生命活动。细菌大多数对干旱没有很强的抵御能力,但在水分条件好,尤其是淹水时占大多数的好氧细菌很容易因缺氧而生长受抑。真菌生长要求适宜的水分,当水分含量低于适宜水分范围时,形成分生孢子并休眠;当水分含量过高时,则因氧气不足菌丝体的生长受限制,真菌生物量减少。但放线菌在水分含量降低时,数量增加。目前的研究表明,厌氧氨氧化细菌在海洋和陆地表层水系统广泛分布。在饱和土壤中,厌氧氨氧化细菌以 *Candidatus Brocadia anammoxidans* 为主导菌属。在很多时候,厌氧氨氧化细菌的丰度是由 *Candidatus Jettenia asiatica* 的相对丰度决定的。

通过对常见稻田水分状况下 Anammox 细菌 *hzs-β* 基因进行 qPCR 分析发现,在含水量较高的条件下,不论是干湿交替过程还是持续的淹水状态,Anammox 细菌丰度相比 70% 田间持水量水分管理时较高(图5.3),

说明较高的水分含量能够使Anammox细菌数量增加。在不同施肥模式之间,除了70%田间持水量水分管理以外,其他水分状况中,不同施肥模式土壤的Anammox细菌丰度有较明显的规律:长期纯施化肥(CF)和秸秆配施化肥(SRCF)土壤中的Anammox细菌数量较多,长期不施肥(CK)和猪粪配施化肥(PMCF)土壤中的Anammox数量相对较少。相比于CF与SRCF,在不同水分状况下CK和PMCF土壤中Anammox细菌丰度分别降低80.13%和63.42%(干湿交替),65.13%和70.20%(淹水Ⅰ),65.07%和85.10%(淹水Ⅱ)。同一施肥模式的不同水分状况下,除了PMCF外,其他施肥模式土壤Anammox细菌丰度整体上有逐步上升的趋势(图5.3),说明溶解氧含量的降低有利于Anammox细菌数量的增加。在干湿交替的水分条件下,Anammox细菌丰度相对较高,说明干湿交替能够激发Anammox过程,使Anammox细菌数量增加。

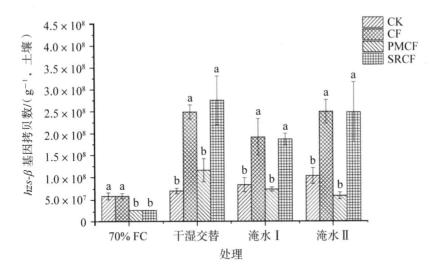

图5.3　不同施肥模式和水分条件下厌氧氨氧化细菌的丰度($p<0.05$)

# 5.3 稻田水分管理下厌氧氨氧化细菌群落结构

土壤微生物是土壤的重要组成部分,是影响土壤肥力的重要因素。它不仅是衡量土壤质量、维持土壤肥力和作物生产的一个重要指标,还对所生存的微环境十分敏感,能对土壤生态机制变化和环境胁迫迅速做出反应,进而导致群落结构发生改变,因此,它也被认为是土壤生态系统变化的预警及敏感指标。近年来,土壤微生物群落结构及多样性方面的研究受到国内外许多学者的青睐。有关土地利用方式、施肥方案和耕作模式等对土壤微生物群落结构的影响研究结果表明,有机肥的施用及有机耕作能够明显改善土壤微生物群落结构和多样性。土壤中与植物相关的微生物群落很大程度上也受到水分有效性的影响。Matteo 等(2020)将意大利北部试验田中生长的水稻作为研究对象,并对其微生物群落进行了全面研究。通过对 16S、ITS(内转录间隔区)和 18S rRNA 基因扩增子的焦磷酸测序,研究了旱地管理(非淹水、好氧)和传统管理(传统淹水、厌氧)两种不同水分管理方式下水稻土壤和根系的微生物群落。结果表明,土壤水分状况对微生物群落的形成起主要作用,而物候阶段的影响较小。在水分管理过程中,原核生物和真菌群落[(包括厚壁菌门(Firmicutes)、甲烷杆菌纲(Methanobacteria)、绿弯菌门(Chloroflexi)、类壳菌纲(Sordariomycetes)、座囊菌纲(Dothideomycetes)和球囊菌亚门(Glomeromycotina)]的丰度变化显著。

利用 $hzs$-$\beta$ 基因的特异性引物进行扩增,然后进行克隆测序,分析不同水分状况下稻田土壤 Anammox 细菌的群落结构变化。在不同施肥模式和水分状况下的 Anammox 细菌群落中,大部分 $hzs$-$\beta$ 基因序列与 Ca. Brocadia 属有较高的同源性,仅 OTU7 与 Ca. Jettenia 属同源性较高(图5.4)。不同水分状况下稻田土壤的 Anammox 细菌群落结构并没有显著差异,

说明水分条件对 Anammox 细菌群落结构的影响并不显著。有研究表明，
*Ca. Jettenia* 属的检出率要低于 *Ca. Brocadia* 和 *Ca. Kuenenia* 属，其至 *Ca. Jettenia* 在某些稻田土壤中无法检测到（Bai et al., 2015a；Yang et al., 2015）。也有研究认为，*Ca. Jettenia* 是 Anammox 细菌群落中的主要细菌属（Long et al., 2013）。Gu 等（2017）检测到 Anammox 细菌属主要为 *Ca. Brocadia*，但也成功检测到了 *Ca. Jettenia*，说明在稻田土壤中，*Ca. Brocadia* 是主要的细菌属，但也存在少量的 *Ca. Jettenia* 属。

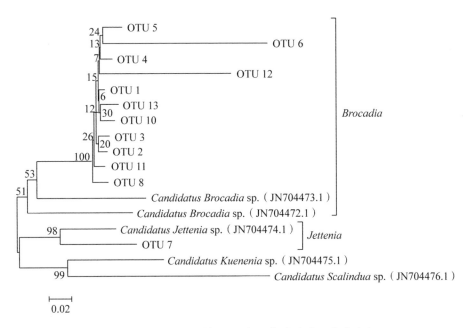

图 5.4　Anammox 细菌 *hzs-β* 基因序列的系统发育分析

通过 Anammox 细菌 α 多样性的分析（表 5.1），可以看出，在含氧量较高的淹水管理中，PMCF 土壤 Anammox 细菌生物多样性较高，其次是含氧量较少的 PMCF 土壤，干湿交替的 CF 土壤的 Anammox 细菌生物多样性也较高，说明水分调节对 Anammox 细菌群落结构丰富度有一定的提高作用，但对于同样淹水管理的土壤来说，溶解氧含量的多少对

Anammox细菌群落结构丰富度的影响并不明显。在水分含量较高的情况下,不论是淹水管理还是干湿交替管理,Anammox细菌丰度都有所增加,但其群落结构的变化并不明显。绝大部分Anammox细菌仅与 *Ca. Brocadia* 属同源性较高。水分的增加能够提高Anammox速率(达到 1.14 nmol $N_2 \cdot g^{-1} \cdot h^{-1}$)。对于不同溶解氧含量的淹水 I 与淹水 II 管理,溶解氧浓度的降低能够提高Anammox速率。

表5.1 基于 *hzs-β* 基因的Anammox细菌 α 多样性指数

| 施肥模式 | | Anammox OTU | α 多样性指数 | | 基因拷贝数($g^{-1}$,干土) |
|---|---|---|---|---|---|
| | | | Simpson | Shannon-Wiener | |
| 70% FC | CK | 4 | 0.62 | 1.66 | $3.26×10^7(±7.98×10^6)$ |
| | CF | 2 | 0.26 | 0.62 | $3.30×10^7(±5.79×10^6)$ |
| | PMCF | 3 | 0.61 | 1.46 | $6.27×10^5(±2.40×10^5)$ |
| | SRCF | 3 | 0.50 | 1.25 | $2.8×10^5(±6.25×10^4)$ |
| 干湿交替 | CK | 2 | 0.38 | 0.81 | $4.45×10^7(±6.25×10^5)$ |
| | CF | 3 | 0.40 | 1.04 | $2.25×10^8(±1.61×10^7)$ |
| | PMCF | 5 | 0.72 | 2.06 | $9.19×10^7(±2.62×10^7)$ |
| | SRCF | 2 | 0.50 | 0.99 | $2.51×10^8(±5.54×10^7)$ |
| 淹水 I | CK | 3 | 0.45 | 1.15 | $5.84×10^7(±1.57×10^7)$ |
| | CF | 3 | 0.61 | 1.46 | $1.67×10^8(±4.19×10^7)$ |
| | PMCF | 5 | 0.78 | 2.25 | $4.83×10^7(±4.78×10^6)$ |
| | SRCF | 5 | 0.73 | 2.13 | $1.62×10^8(±1.35×10^7)$ |
| 淹水 II | CK | 4 | 0.52 | 1.84 | $7.88×10^7(±1.82×10^7)$ |
| | CF | 5 | 0.75 | 2.16 | $2.26×10^8(±2.67×10^7)$ |
| | PMCF | 4 | 0.67 | 1.79 | $3.34×10^7(±7.36×10^6)$ |
| | SRCF | 4 | 0.48 | 1.36 | $2.24×10^8(±6.88×10^7)$ |

# 参考文献

白玥萌. 2015. 厌氧氨氧化工艺及其影响因素. 建筑与预算,(2):46-49.

刘金苓,钟玉鸣,谢志儒,等. 2009. 厌氧氨氧化微生物在有机碳源条件下的代谢特性. 环境科学学报,29(10):2041-2047.

刘文. 2015. 厌氧氨氧化工艺处理低氨氮污水的影响因素研究. 科技与企业,(3):218-218.

吕锋. 2016. 厌氧氨氧化影响因素及其工艺研究进展. 山东化工,45(21):61-63.

杨岚,杨景亮,李再兴,等. 2010. 厌氧氨氧化反应的影响因素研究. 河北化工,(10):23-25.

Bai, R., Chen, X., He, J. Z., et al. 2015a. *Candidatus brocadia* and *Candidatus Kuenenia* predominated in Anammox bacterial community in selected Chinese paddy soils. Journal of Soils and Sediments, 15(9): 1977-1986.

Bai, R., Xi, D., He, J. Z., et al. 2015b. Activity, abundance and community structure of Anammox bacteria along depth profiles in three different paddy soils. Soil Biology and Biochemistry, 91: 212-221.

Gu, C., Zhou, H. F., Zhang, Q. C., et al. 2017. Effects of various fertilization regimes on abundance and activity of anaerobic ammonium oxidation bacteria in rice-wheat cropping systems in China. Science of the Total Environment, 599-600: 1064-1072.

Isaka, K., Suwa, Y., Kimura, Y., et al. 2008. Anaerobic ammonium oxidation（Anammox）irreversibly inhibited by methanol. Applied Microbiology and Biotechnology, 81(2): 379-385.

Kimura, Y., Isaka, K., Kazama, F., et al. 2010. Effects of nitrite inhibition on anaerobic ammonium oxidation. Applied Microbiology and Biotechnology, 86(1): 359-365.

Kimura, Y., Isaka, K., Kazama, F. 2011. Tolerance level of dissolved oxygen to feed into anaerobic ammonium oxidation (Anammox) reactor. Journal of Water & Environment Technology, 9(2): 169-178.

Long, A., Heitman, J., Tobias, C., et al. 2013. Co-occurring Anammox, denitrification, and codenitrification in agricultural soils. Applied and Environmental Microbiology, 79(1): 168-176.

Mulder, A., van de Graaf, A. A., Robertson, L., et al. 1995. Anaerobic ammonium oxidation discovered in a denitrifying fluidized bed reactor. FEMS Microbiology Ecology, 16(3): 177-183.

Matteo, C., Stefano, G., Paolo, C., et al. 2020. Water management and phenology influence the root-associated rice field microbiota. FEMS Microbiology Ecology, 96(9): 1-16.

Strous, M., Kuenen, J. G., Jetten, M. S. M. 1999. Key physiology of anaerobic ammonium oxidation. Applied and Environmental Microbiology, 65(7): 3248-3250.

Yang, X. R., Li, H., Nie, S. A., et al. 2015. Potential contribution of Anammox to nitrogen loss from paddy soils in Southern China. Applied and Environmental Microbiology, 81(3): 938-947.

# 第6章 稻田土壤的铁氨氧化途径

## 6.1 厌氧氨氧化协同铁还原途径的发现

氮素是陆地生态系统中净生产力的主要限制因子(Holub et al.,2012)。反硝化过程——由微生物驱动、将硝酸盐及亚硝酸盐直接转换成 $N_2O$ 或 $N_2$ 的过程,曾被认为是氮素在土壤中完成周转回到大气的唯一途径。近年来发现的厌氧氨氧化是对气态氮损失途径的补充,因其跳过了 $N_2O$ 的产生步骤,所以在一定程度上能够减少温室效应等环境问题。以厌氧氨氧化协同铁还原为途径的氮损失过程,又被称作铁氨氧化(Feammox),是氮素周转过程的最新发现。该过程以 $NO_3^-$、$NO_2^-$ 和 $N_2$ 为终产物,有三种不同反应途径,主反应根据环境条件的不同而有所差异。

铁氨氧化的猜想最早可以追溯至1992年,Nealson 等在热力学与动力学的基础上比较了在被当作电子受体时 $Fe(Ⅲ)$ 的氧化还原电位,推测其可以在厌氧条件下被微生物利用以进行内源呼吸(Nealson et al.,1992);Luther 等(1997)发现了利用 $Mn(Ⅳ)$ 作为电子受体结合厌氧氨氧化过程的锰氨氧化,由于 $Fe(Ⅲ)$ 与 $Mn(Ⅳ)$ 在氧化还原电位上的相似,利用 $Fe(Ⅲ)$ 进行厌氧氨氧化过程的猜想有了一定的理论依据;直到2005

年,Clément等于美国新泽西一处河岸带的湿地土壤中发现了Fe(Ⅲ)和氨氮同时转化的现象(Clément et al.,2005),虽然没有证明其中的耦合关联,但仍以此为依据推测出自然界中存在以Fe(Ⅲ)为电子受体、$NH_4^+$为电子供体的脱氮反应;Sawayama(2006)成功观测到厌氧氨氧化协同铁还原的过程,并将其命名为Feammox,在该反应过程中铁还原微生物利用Fe(Ⅲ)将氨态氮氧化为亚硝态氮的同时将Fe(Ⅲ)还原为Fe(Ⅱ);Shrestha等(2009)在后续研究中,利用$^{15}N$同位素标记$^{15}NH_4^+$,以此研究了Feammox的其他产物,并发现Feammox可以在厌氧条件下实现$^{15}NH_4^+$直接转化为$^{30}N_2$和$^{29}N_2$的过程;以此为基础,Yang等(2012)利用同位素标记法探明了Feammox的产物(包括硝态氮、亚硝态氮及氮气,且氮气的产量在整体产物比例中占有绝对优势)。为了探明铁氨氧化在自然界的发生环境、分布状况及在氮循环中的整体贡献,研究者们进行了大量探索,陆续在森林河岸湿地、稻田、红树林湿地及海洋沉积物等各种自然界生境下发现了铁氨氧化的存在。

## 6.2　稻田土壤铁氨氧化的$N_2$产生速率

研究已经证明,厌氧氨氧化协同铁还原过程在森林土壤(Yang et al.,2012)、稻田土壤(Ding et al.,2014)和湿地底泥(Li et al.,2015)中对氮损失的贡献率与其他氮循环过程大致相当,处于同一量级。在我国南方地区,水稻种植是一种常见的农业生产模式。水稻种植过程的高氮输入,加之周期性干湿交替所驱动的高活性铁还原过程,使得稻田土壤成为厌氧氨氧化协同铁还原过程的绝佳反应场所(Ding et al.,2017)。水稻种植过程中,氮肥用量年均200kg $N \cdot ha^{-1}$,淹水种植环境使得稻田中氮素主要以铵态氮的形式存在。同时,铁作为地壳中含量第四的元素,在稻田中的分布极为广泛,尤其是南方红壤区稻田土壤中含有丰富的氧化铁。氧化铁是目前已知的土壤中含量最高的氧化物形态之一,具有高活性。水稻种植过程中周期性的干湿交替能促进铁氧化物形态转化和氧化还原过程,伴随施肥的高氮输入,为稻田中 $NH_4^+$ 氧化耦合铁离子还原的过程创造了天然的反应条件。因此,稻田生态系统也被认为是铁氨氧化反应发生的"热点区域"。

研究者对不同稻田土壤铁氨氧化速率及对 $N_2$ 产生的贡献进行了相关探究(Zhou et al.,2016;Ding et al.,2017)。稻田土壤中铁氨氧化的氮损失为 7.8~61kg $N \cdot ha^{-1} \cdot a^{-1}$,占土壤氮肥用量的 3.9%~31%(Ding et al.,2014)。作为氮循环的一种新路径,铁氨氧化与其他氮损失途径处在同一量级,但反应过程中未检测到 $N_2O$ 的产生,说明了铁氨氧化参与的氮循环过程可减少 $N_2O$,是个可持续发展的过程。

Yi 等(2019)对不同施肥模式下稻田土壤的 $N_2$ 和 $N_2O$ 的产生进行研究。在所有的施肥模式中,$^{15}NH_4^+$ 添加处理的土壤均能明显检测到 $^{30}N_2$,而所有无 $^{15}NH_4^+$ 添加(CK)处理中均未明显检测出 $^{30}N_2$ 气体(图 6.1)。在不同施肥模式中,长期纯施化肥(CF)、猪粪配施化肥(CMF)及秸秆配施化肥(CSF)土壤的 $^{30}N_2$ 产生速率显著高于不施肥(NF)土壤。在添加 $^{15}NH_4^+$ 后,不同施肥模式土壤中 $^{30}N_2$ 产生速率为 0.205~0.319μg $N \cdot g^{-1} \cdot d^{-1}$,而在不施肥土壤中仅为 0.047μg $N \cdot g^{-1} \cdot d^{-1}$。而在 3 种施肥模式中,CF 土壤的 $^{30}N_2$ 产生速率较 CMF 和 CSF 低 49.6%~55.9%(图 6.1),表明有机-无机肥的混施更有利于铁氨氧化过程的发生。与 $^{15}NH_4^+$ 添加处理相比,$^{30}N_2$ 产生速率在 $^{15}NH_4^+ + C_2H_2$ 处理中降低了 0.013~0.134μg $N \cdot g^{-1} \cdot d^{-1}$。在 $^{15}NH_4^+$ 和 $^{15}NH_4^+ + C_2H_2$ 处理中,均能明显检测到 $^{29}N_2$,且 $^{29}N_2$ 的产生速率较 $^{30}N_2$ 的产生速率高。

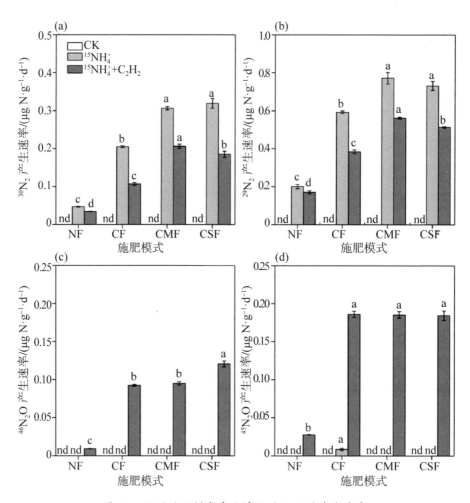

图 6.1　不同施肥模式中土壤 $N_2$ 和 $N_2O$ 的产生速率

注 : nd 表示样品中未检测出明显的 $^{15}N$ 标记气体 ; NF, 不施肥 ; CF, 纯化肥 ; CMF, 猪粪配施化肥 ; CSF, 秸秆配施化肥。 $p < 0.05$。

在土壤培养过程中, $^{46}N_2O$ 只能在 $^{15}NH_4^+ + C_2H_2$ 处理中被明显检测出 (图 6.1)。由于预培养之后, 土壤中的 $NO_x^-$ 浓度很低, 加之实验中乙炔为 13.39mmol·$L^{-1}$, 能够完全抑制 $N_2O$ 向 $N_2$ 的转化, 因此, $^{46}N_2O$ 主要来自铁氨氧化产生的 $NO_x^-$ 的反硝化。 $^{46}N_2O$ 在不同的土壤中的产生速率为

0.009~0.121μg N·g$^{-1}$·d$^{-1}$（图 6.1）。但在 $^{15}$NH$_4^+$+C$_2$H$_2$ 处理中，$^{46}$N$_2$O 的产生量比该处理中被抑制的 N$_2$ 总量低，可能原因为 C$_2$H$_2$ 未抑制厌氧氨氧化过程，且 N$_2$O 部分溶解于水，从而导致其产生量略低于 N$_2$ 的减少量。此外，在培养过程中，能检测到明显的 CH$_4$ 产生，表明在研究中有明显的 CH$_4$ 产生过程发生。在长期施肥的稻田土壤中，高氮输入和周期性水旱交替，促进了全铁向无定形态铁的转变，同时能将土壤中的氮素主要维持在铵态氮的形式，为铁氨氧化过程提供了良好的环境（Yang et al., 2012; Ding et al., 2014）。在 $^{15}$NH$_4^+$ 处理中明显的 $^{15}$NH$_4^+$ 消耗和 $^{30}$N$_2$ 积累（图 6.1）为铁氨氧化过程提供了证据。自然条件下，能够产生 N$_2$ 的过程包括反硝化、厌氧氨氧化和铁氨氧化等一系列过程。硝化过程是 NH$_4^+$ 氧化成 NO$_2^-$ 再到 NO$_3^-$ 的过程，但驱动其反应的微生物需要好氧条件（Xia et al., 2011）。实验土壤中含氧量被控制在极低条件下，且全程都在厌氧培养箱中操作，因此没有足够的氧驱动反应，可以忽略好氧硝化过程。此外，土壤样品经过预培养后，NO$_x^-$ 的含量维持在较低水平，因此 $^{30}$N$_2$ 产生的途径可排除直接的厌氧氨氧化和反硝化过程。在这种培养条件下，$^{30}$N$_2$ 产生的途径仅可能是铁氨氧化过程或基于铁氨氧化的厌氧氨氧化和反硝化过程。

　　铁氨氧化速率可通过 $^{30}$N$_2$ 的产生速率进行估算，能产生 $^{30}$N$_2$ 气体的所有途径如表 6.1 所示。实验过程中存在多个 $^{30}$N$_2$ 产生途径，但所有的途径都需要铁氨氧化作为第一步反应基础。不同施肥模式土壤中铁氨氧化速率为 0.047~0.319μg N·g$^{-1}$·d$^{-1}$，这一结果与 Ding 等（2014）在稻田土壤（0.17~0.59μg N·g$^{-1}$·d$^{-1}$），Yang 等（2012）在森林土壤（0.32μg N·g$^{-1}$·d$^{-1}$），Li 等（2015）在湿地底泥（0.24~0.36μg N·g$^{-1}$·d$^{-1}$）中的研究结果大致处于同一水平。此外，在 $^{15}$NH$_4^+$ 添加处理中 $^{29}$N$_2$ 也被明显检测到，且 $^{29}$N$_2$ 与铁还原速率之间也存在显著的正相关关系。由于部分的 $^{29}$N$_2$ 也来源于铁氨氧化(表6.1),因此铁氨氧化过程对稻田氮损失的贡献率可能更高。

表6.1 $^{30}N_2$和$^{29}N_2$在土壤中产生的可能途径

| 终产物 | 氮源1 | 氮源2 | $N_2$产生过程 |
|---|---|---|---|
| $^{30}N_2$ | $^{15}NH_4^+$(添加) | $^{15}NH_4^+$(添加) | 铁氨氧化 |
| | $^{15}NH_4^+$(添加) | $^{15}NO_2^-$(Feammox产生) | 厌氧氨氧化 |
| | $^{15}NO_x^-$(Feammox产生) | $^{15}NO_x^-$(Feammox产生) | 反硝化 |
| $^{29}N_2$ | $^{15}NH_4^+$(添加) | $^{14}NH_4^+$(本底) | 铁氨氧化 |
| | $^{15}NH_4^+$(添加) | $^{14}NO_2^-$(本底) | 厌氧氨氧化 |
| | $^{14}NH_4^+$(本底) | $^{15}NO_2^-$(Feammox产生) | 厌氧氨氧化 |
| | $^{15}NO_x^-$(Feammox产生) | $^{14}NO_2^-$(本底) | 反硝化 |
| | $^{15}NO_2^-$(Feammox产生) | 氨基化合物(本底) | 协同反硝化 |

注:$NO_x^-$为$NO_3^-$或$NO_2^-$。

# 6.3 稻田土壤铁还原速率

铁呼吸[Fe(Ⅲ)respiration]是最早被确认的微生物胞外呼吸,又被称为异化铁还原,是指微生物以胞外不溶性铁氧化物为末端电子受体,通过氧化电子供体偶联Fe(Ⅲ)还原,并产生生命活动所需能量的过程。尽管在20世纪初,Fe(Ⅲ)还原就已被认知。但长期以来,铁呼吸被误认为只是化学反应,微生物作用被忽视。直到1987年,第一个具有Fe(Ⅲ)还原活性的金属还原地杆菌(*Geobacter metallireducens*)被分离出来后,这个微生物群才被详细研究。稻田是我国广泛分布的农田生态系统,是一种介于陆地生态系统和水生生态系统之间的一种特殊的生态系统。稻田土壤会发生间歇性渍水,产生特殊的氧化还原条件,进而影响土壤中各种元素的循环过程。当稻田土壤淹水而处于缺氧条件时,土壤中的Fe(Ⅲ)

能够代替氧气作为电子受体将土壤中的有机碳氧化。这一过程存在许多生物和非生物的反应,直接影响土壤碳循环及温室气体排放等过程。异化 $Fe(Ⅲ)$ 还原作用是一种微生物代谢过程,该过程中有机或无机的电子供体以 $Fe(Ⅲ)$ 为终端电子受体而被氧化,使 $Fe(Ⅲ)$ 还原为 $Fe(Ⅱ)$。在自然界中只要有厌氧环境,几乎都会发生异化 $Fe(Ⅲ)$ 还原现象。铁的微生物还原过程,不仅对稻田土壤的基本属性有重要影响,而且在土壤环境化学方面具有特殊的意义。如氧化铁作为电子受体可以促进稻田土壤中有机物的降解,竞争抑制有机物向甲烷的转化,对稻田甲烷排放有着重要影响。而在铁还原与厌氧氨氧化耦合的过程中,$Fe(Ⅲ)$ 还原为 $Fe(Ⅱ)$ 的同时,$NH_4^+$ 直接转化为 $NO_3^-$、$NO_2^-$ 或 $N_2$,两者之间存在同步增减的关系。

不同施肥模式中稻田土壤铁还原速率如图 6.2 所示。$^{15}NH_4^+$ 处理的 $Fe(Ⅲ)$ 还原速率在不同施肥模式(CF、CMF、CSF)中与不施肥(NF)相比提高 14.53%~42.73%,同时有机-无机互混施肥模式(CMF、CSF)较纯施化肥模式(CF)的 $Fe(Ⅲ)$ 还原速率提高了 20.90%~24.63%,但两种有机-无机互混施肥模式之间并未表现出差异。土壤全铁含量如图 6.3 所示,保持相对稳定,仅在前期有轻微的波动。

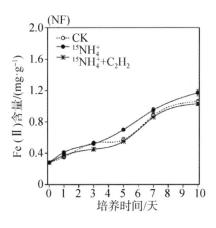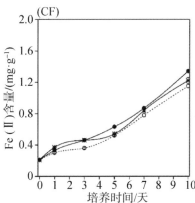

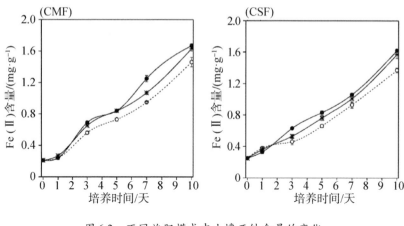

图 6.2　不同施肥模式中土壤亚铁含量的变化

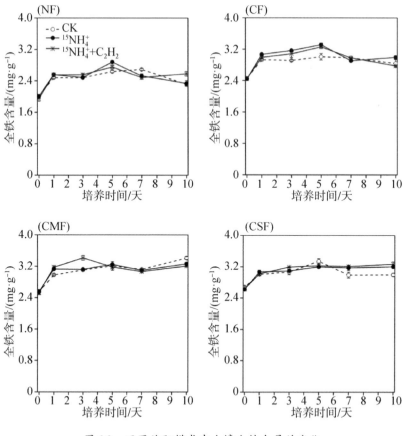

图 6.3　不同施肥模式中土壤全铁含量的变化

在不同施肥模式中,Fe(Ⅱ)含量在培养过程中均有不同程度的增长。对于施肥(CF、CMF、CSF)的土壤,添加$^{15}NH_4^+$和$^{15}NH_4^+$+$C_2H_2$处理的Fe(Ⅱ)增长速率要高于CK处理的增长速率。而在不施肥(NF)土壤中,CK与$^{15}NH_4^+$处理中的Fe(Ⅲ)还原速率并无显著差异(图6.2)。可见,$^{15}NH_4^+$的添加能够促进Fe(Ⅲ)的还原过程,尤其是在长期肥料施用的土壤条件下。此外,Fe(Ⅲ)的还原过程在CK处理中依然表现出较高的速率,分别占$^{15}NH_4^+$和$^{15}NH_4^+$+$C_2H_2$处理的84.56%~90.59%和87.26%~102.9%,表明由于土壤中丰富的其他物质,铁还原过程并未完全与$^{15}NH_4^+$的氧化过程耦合,也有可能存在其他物质(如还原态的碳源)在$^{15}NH_4^+$的氧化过程中发挥重要作用。$NH_4^+$的添加导致Fe(Ⅲ)的还原速率增大,表明氨氧化过程能够促进铁还原过程。此外,$^{30}N_2$的产生速率与铁还原速率的显著相关性进一步为厌氧氨氧化协同铁还原过程提供了证据。

铁是地壳中第四丰度的元素,也是陆地生态系统中营养元素生物化学循环的主要电子受体(Cornell et al.,1997;Kappler et al.,2005)。添加$NH_4^+$后土壤铁还原速率增加了0.009~0.026 $mg \cdot g^{-1} \cdot d^{-1}$(图6.2),表明铵态氮在厌氧条件下能够激发土壤中Fe(Ⅲ)/Fe(Ⅱ)循环过程。然而,按照反应化学方程比[每3~8mol Fe(Ⅲ)对应1mol $NH_4^+$]对参与氨氧化的铁还原占比进行计算,仅有0.57%~6.89%的铁参与了铁氨氧化过程。由此推测,土壤中厌氧有机物质或甲烷可能是潜在的电子供体,能够替代$NH_4^+$参与铁还原的过程。先前的研究表明,铁还原过程能够促进有机质的分解和水解酸化,从而增加土壤中甲烷的释放,因此有机物质作为常见的电子供体在土壤中普遍存在(Jiang et al.,2013)。在4种不同施肥模式稻田土壤中,回归分析表明Fe(Ⅲ)的还原速率与$^{30}N_2$($r^2$=0.804,$p$<0.001)和$^{29}N_2$($r^2$=0.831,$p$<0.001)的产生速率显著正相关(图6.4)。该结果进一步表明,在施肥和不施肥土壤中Fe(Ⅲ)的还原过程与$^{15}NH_4^+$的氧化过程能够较好地耦合。

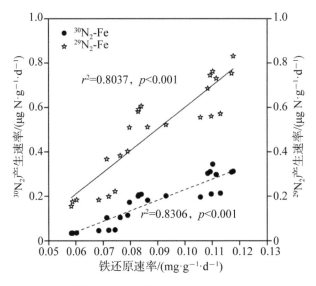

图 6.4　氨氧化速率与铁还原速率之间的回归分析

# 6.4　铁氨氧化途径对氮损失的生态贡献率

　　氮素可以通过各种转化和移动过程离开土壤–植物系统,从而带来氮肥施用的经济损失和环境受不良影响的风险。氮损失直接减少了植物可吸收氮素的量,从而降低了施肥的增产效果,并影响环境的质量。因此,采取各种技术手段以减少氮损失,是农业氮素管理的中心工作之一。氮损失途径主要有反硝化作用、氨挥发、淋溶和径流等,它们之间有密切关系,各种途径损失的氮量占总损失量的比例受多种因素的影响,在多数情况下,以反硝化和氨挥发为主。氮素的气态损失是施入土壤中的氮肥的主要损失途径之一,且主要发生在施肥的前期阶段。研究表明,施入土壤中的氮素超过30%不知去向。厌氧氨氧化及铁氨氧化的发现为明确土壤氮素的去向提供了新思路。研究表明,不同施肥模式中,稻田土壤直接通过铁氨氧化过程损失的 $N_2$ 占总损失量的52.21%~

72.93%(图 6.5),但不同的施肥模式并未对不同损失途径中铁氨氧化的占比有明显的影响。因此,在施肥的稻田土壤中,铁氨氧化直接生成 $N_2$ 是反应主途径,经由铁氨氧化过程的氮损失大部分以 $N_2$ 形式流失,稻田中铁氨氧化不是产生 $N_2O$ 的主要途径。

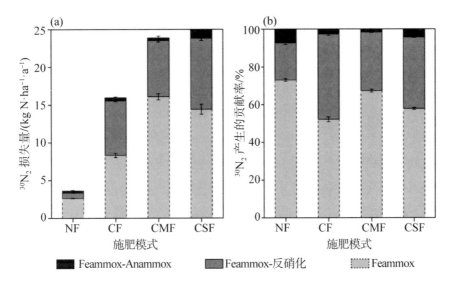

图 6.5　铁氨氧化、铁氨氧化–厌氧氨氧化、铁氨氧化–反硝化途径对氮损失的决对贡献率和相对贡献率

在分析测试过程中,$C_2H_2$ 的最终浓度达到了 13.39mmol·$L^{-1}$,远远高于抑制 $N_2O$ 还原过程(290μmol·$L^{-1}$)和厌氧氨氧化过程(30μmol·$L^{-1}$)的阈值(Srensen,1978;Jensen et al.,2007)。因此推断,铁氨氧化功能微生物可能与常见的氨氧化细菌不同。通常来说,氨氧化细菌的氨单加氧酶的表达容易受乙炔抑制的影响,而铁氨氧化过程即使在高乙炔浓度的情况下也并未受到抑制,表明铁氨氧化微生物可能有区别于氨单加氧酶的独特新陈代谢方式(Hyman et al.,1985)。

根据土壤容重 0.65g·$cm^{-3}$ 及氮损失速率,估算在各施肥(CF、CMF、CSF)模式中,农业生态系统表层(0~20cm)土壤中铁氨氧化途径的氮损失量为 15.97~24.91kg N·ha$^{-1}$·a$^{-1}$,大约为我国常规施肥氮素含量(200kg N·ha$^{-1}$·a$^{-1}$)的 7.99%~12.45%。Ding 等(2014)测算表明,在中国南方稻田中铁氨氧化途径的氮损失量为 7.8~61kg N·ha$^{-1}$·a$^{-1}$。以上结果表明,铁氨氧化过程对稻田土壤氮损失有重要影响,但室内的培养测试由于是在严格的厌氧条件下进行的,存在高估铁氨氧化过程氮损失量的可能。

# 参考文献

Cornell, R. M., Schwertmann, U. 1997. The iron oxides: Structure, properties, reactions, occurrence and uses. Mineralogical Magazine, 61 (408): 740-741.

Clément, J. C., Shrestha, J., Ehrenfeld, J. G., et al. 2005. Ammonium oxidation coupled to dissimilatory reduction of iron under anaerobic conditions in wetland soils. Soil Biology and Biochemistry, 37: 2323-2328.

Ding, B. J., Li, Z. K., Qin, Y. B. 2017. Nitrogen loss from anaerobic ammonium oxidation coupled to iron(Ⅲ)reduction in a riparian zone. Environmental Pollution, 231: 379-386.

Ding, L. J., An, X. L., Li, S., et al. 2014. Nitrogen loss through anaerobic ammonium oxidation coupled to iron reduction from paddy soils in a chronosequence. Environmental Science & Technology, 48(18): 10641-10647.

Holub, P., Záhora, J., Fiala, K. 2012. Different nutrient use strategies of expansive grasses *Calamagrostis epigejos* and *Arrhenatherum elatius*. Biologia, 67(4): 673-680.

Hyman, M. R., Wood, P. M. 1985. Suicidal inactivation and labelling of ammonia mono-oxygenase by acetylene. Biochemical Journal, 227(3): 719-725.

Jensen, M. M., Bo, T., Dalsgaard, T. 2007. Effects of specific inhibitors on Anammox and denitrification in marine sediments. Applied and Environ ment Microbiology, 73(10): 3151-3158.

Jiang, S., Park, S., Yoon, Y., et al. 2013. Methanogenesis facilitated by geobiochemical iron cycle in a novel syntrophic methanogenic microbial community. Environmental Science & Technology, 47(17): 10078-10084.

Kappler, A., Straub, K. L. 2005. Geomicrobiological cycling of iron. Reviews in Mineralogy & Geochemistry, 59(1): 85-108.

Li, X. F., Hou, L. J., Liu, M., et al. 2015. Evidence of nitrogen loss from anaerobic ammonium oxidation coupled with ferric iron reduction in an intertidal wetland. Environmental Science & Technology, 49(19): 11560-11568.

Luther, G. W., Wu, J. 1997. What controls dissolved iron concentrations in the world ocean? — a comment. Marine Chemistry, 57(3-4): 173-179.

Nealson, K. H., Myers, C. R. 1992. Microbial reduction of manganese and iron: New approaches to carbon cycling. Applied and Environmental Microbiology, 58(2): 439-443.

Sawayama, S. 2006. Possibility of anoxic ferric ammonium oxidation. Journal of Bioscience and Bioengineering, 101: 70-72.

Shrestha, J., Rich, J. J., Ehrenfeld, J. G., et al. 2009. Oxidation of ammonium to nitrite under iron-reducing conditions in wetland soils:

Laboratory, field demonstrations, and push-pull rate determination. Soil Science, 174(3): 156-164.

Sørensen, J. 1978. Denitrification rates in a marine sediment as measured by the acetylene inhibition technique. Applied and Environmental Microbiology, 36(1): 139-143.

Xia, W. W., Zhang, C. X., Zeng, X. W., et al. 2011. Autotrophic growth of nitrifying community in an agricultural soil. The ISME Journal, 5(7): 1226-1236.

Yang, W. H., Weber, K. A., Silver, W. L. 2012. Nitrogen loss from soil through anaerobic ammonium oxidation coupled to iron reduction. Nature Geoscience, 5(8): 538-541.

Yi, B., Wang, H. H., Zhang, Q. C., et al. 2019. Alteration of gaseous nitrogen losses via anaerobic ammonium oxidation coupled with ferric reduction in paddy soils in Southern China. Science of the Total Environment, 652: 1139-1147.

Zhou, G., Yang, X., Li, H., et al. 2016. Electron shuttles enhance anaerobic ammonium oxidation coupled to iron(Ⅲ) reduction. Environmental Science & Technology, 50: 9298-9307.

# 第7章　稻田土壤的铁氨氧化微生物群落

## 7.1　稻田土壤铁氨氧化及其关联微生物丰度

土壤微生物是土壤生态系统的重要组分,在土壤质量和植物健康方面发挥着重要作用。丰富多样的微生物种类不仅是维持稻田土壤生态的重要因素,更是提高水稻产量和质量的重要保障。长期施肥后土壤中的功能微生物的丰度会发生不同变化。我们研究团队曾对6年不同施肥模式管理的稻田土壤的铁氨氧化微生物及其关联微生物群落丰度及结构进行了分析。施肥模式包括:①不施肥(NF,对照),在整个水稻生长期间没有外源施加任何肥料;②纯施化肥(CF),每年施入的肥料用量为氮肥240kg·ha$^{-1}$、磷肥40kg·ha$^{-1}$、钾肥85kg·ha$^{-1}$;③猪粪配施化肥(CMF),每年施入的肥料用量为氮肥120kg·ha$^{-1}$、磷肥20kg·ha$^{-1}$、钾肥42.5kg·ha$^{-1}$,以及猪粪堆肥6000kg·ha$^{-1}$;④秸秆配施化肥(CSF),每年施入的肥料用量为氮肥240kg·ha$^{-1}$,磷肥40kg·ha$^{-1}$,钾肥85kg·ha$^{-1}$,秸秆全量还田(Yi et al.,2019)。如图7.1所示,不同施肥模式下稻田土壤的氨氧化细菌 *amoA* 基因丰度均较高,但不同施肥模式之间表现出一定的差异。

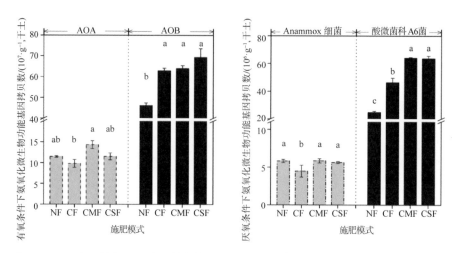

图 7.1　不同施肥模式下土壤好氧氨氧化微生物功能基因(*amoA*)和厌氧氨氧化微生物
（Anammox 和酸微菌科 A6 菌）功能基因的丰度($p<0.05$)

　　总体来看,氨氧化细菌(AOB)含量高于氨氧化古菌(AOA)含量,每克干土 AOA 的 *amoA* 基因拷贝数为 $9.82\times10^7\sim14.3\times10^7$,AOB 的 *amoA* 基因拷贝数为 $4.62\times10^8\sim6.94\times10^8$。AOA 的分布与施肥模式并无明显的相关性。纯施化肥(CF)6 年后土壤 AOA 的含量最低,每克干土基因拷贝数为 $9.82\times10^7$,这一含量比对照(NF)低 14.4%,表明纯施化肥并不能通过增加土壤 AOA 的含量促进铵根离子的转化。其可能原因为 AOA 具有更强的 $NH_3$ 亲和力,主要在低氮含量的环境中发挥主导作用;CF 处理引起的相对高氮含量的土壤环境对 AOA 丰度表现出一定的抑制效应(Liu et al., 2018)。而两种常用的有机-无机互混施肥模式,即猪粪配施化肥(CMF)和秸秆配施化肥(CSF)均能够不同程度地提高氨氧化细菌含量,与 NF 相比,CMF 土壤 AOA 含量显著提高了 25.4%,原因可能是有机肥的添加在一定程度上改良了土壤结构,也为微生物的活动提供了能源和氮源,从而促进了微生物的生长(Pan et al.,2018)。

　　AOB 对不同施肥模式的响应与 AOA 略有不同。AOB 丰度随肥料的添加有不同程度的增加。NF 模式下每克干土 AOB 的 *amoA* 基因拷贝数为 $4.62×10^8$。施用不同肥料 6 年后,CF 模式下 AOB 的含量显著提高 35.7%,CMF 模式下 AOB 的含量显著提高 38.3%,CSF 模式下 AOB 的含量显著提高 50.2%。结果表明,随着肥料的施入,土壤碳氮等营养元素含量显著提高,较高的氮素含量能够显著促进 AOB 的生长,有机-无机互混施肥模式对土壤 AOB 的促进较纯施化肥模式更为明显。

　　土壤反硝化过程功能基因丰度如图 7.2 所示,反硝化功能基因丰度随施肥模式变化表现不一,整体表现为施肥模式高于不施肥(NF)模式。*narG* 基因在 NF 模式中每克干土基因拷贝数为 $2.36×10^7$,在 CF、CMF 和 CSF 模式中每克干土基因拷贝数分别为 $2.79×10^7$、$3.63×10^7$ 和 $3.35×10^7$,提高了 18.2%~53.8%。而 *nirS*、*nirK* 和 *nosZ* 基因与 *narG* 基因变化大体趋势一致,其中 *nirS* 基因的丰度变化为 CSF(每克干土基因拷贝数为 $2.17×10^7$)>CMF(每克干土基因拷贝数为 $1.96×10^7$)>CF(每克干土基因拷贝数为 $1.92×10^7$)>NF(每克干土基因拷贝数为 $1.76×10^7$),但四种不同施肥模式间并无显著差异。*nirK* 基因同样在 NF 模式下丰度最低(每克干土基因拷贝数为 $1.79×10^7$),CF、CMF 和 CSF 模式下丰度提高了 24.6%、18.8% 和 37.0%。*nosZ* 基因在 NF 土壤中丰度最低,每克干土基因拷贝数为 $1.97×10^7$;CMF 模式下最高,每克干土基因拷贝数达 $3.19×10^7$,这表明长期施肥能够丰富土壤中反硝化功能微生物的含量,提高反硝化过程主要步骤的功能基因(*narG*、*nirS*、*nirK* 和 *nosZ*)丰度。研究表明施肥有利于反硝化功能微生物在土壤中的生长。

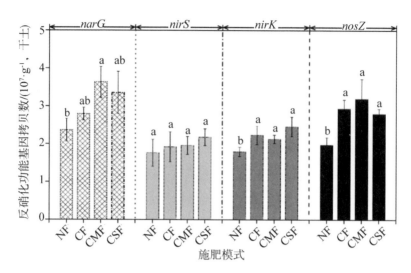

图7.2 不同施肥模式下土壤反硝化微生物功能基因丰度($p<0.05$)

过去,硝化-反硝化和厌氧氨氧化被认为使环境中的氮素转化为$N_2$的最重要和最主要的生物过程。近年来,Feammox的发现丰富了人们对传统氮循环的认知。现已证明,Feammox参与了农田、湿地、沉积物等的氮素转化过程,产生$N_2$损失量为3.1%~9.4%。此外,Feammox反应生成了$NO_2^-$和$NO_3^-$,其可与微生物硝化-反硝化和厌氧氨氧化过程耦合,释放更多的$N_2$。在农田生境中,$NH_4^+$氧化生成$N_2$,加剧土壤氮损失,降低土壤肥力;但在沉积物和含$NH_4^+$废水中,该反应则促进沉积物和废水脱氮,对降低水体营养和提高污水处理能力有益。

铁氨氧化过程的微生物驱动机制是近期研究的热点,但至今为止人们并未分离出具有特定功能的铁氨氧化微生物。目前,已经发现的铁氨氧化微生物只有酸微菌科A6菌。厌氧条件下主导氨氧化过程的厌氧氨氧化细菌(Anammox细菌)和铁氨氧化细菌(酸微菌科A6菌)在不同施肥模式中的含量如图7.1所示。在长期不同施肥模式中,每克干土厌氧氨氧化微生物的功能基因拷贝数为$4.48 \times 10^7$~$5.85 \times 10^7$。CF土壤的

Anammox 细菌含量最低,每克干土其基因拷贝数为 $4.48×10^7$,比 NF 土壤低 29.9%。CMF 模式能在一定程度上增加土壤 Anammox 细菌含量,但作用效果并不显著。相比之下,厌氧氨氧化协同铁还原功能微生物酸微菌科 A6 菌在不同施肥模式下呈现出明显的梯度变化。在 NF 模式中,每克干土酸微菌科 A6 菌的基因拷贝数为 $2.47×10^7$。施肥 6 年后,酸微菌科 A6 菌显著增长。在 CF 模式中酸微菌科 A6 菌增长 87.6%,每克干土其基因拷贝数达 $4.64×10^7$;在 CMF 和 CSF 模式中,酸微菌科 A6 菌增长 158% 和 157%,每克干土其基因拷贝数达到了 $6.39×10^7$ 和 $6.35×10^7$。以上结果表明,肥料的施用能促进厌氧氨氧化协同铁还原功能微生物酸微菌科 A6 菌在土壤中的生长,肥料的施入能为铁氨氧化过程提供反应的底物,而有机肥的添加能够在一定的程度上促进铁氨氧化反应(Ding et al., 2014),从而创造出适合酸微菌科 A6 菌的生境。

　　酸微菌科 A6 菌是现今已知的唯一铁氨氧化功能微生物。为了进一步明确酸微菌科 A6 菌的丰度变化规律,Yi 等(2019)进行了同位素联合乙炔的培养实验。在 NF 模式中,培养 10 天后每克干土中酸微菌科 A6 菌的基因拷贝数为 $3.41×10^8$~$3.73×10^8$,而在施肥模式(CF、CMF、CSF)中每克干土酸微菌科 A6 菌的基因拷贝数从 $6.0×10^8$ 增长到 $7.15×10^8$(图 7.3)。在所有处理中,经过 10 天的培养,土壤酸微菌科 A6 菌的丰度增长差异在不同模式间虽未达显著水平,但其每克干土基因拷贝数从第 0 天到第 10 天增加了 $0.08×10^8$~$0.22×10^8$(图 7.3)。厌氧氨氧化细菌是控制铁氨氧化-厌氧氨氧化过程的功能基因,在 10 天的土壤培养过程中,含量急剧降低,且均为 $^{15}NH_4^+$+$C_2H_2$ 处理中含量最低(图 7.3)。此外,不同施肥模式土壤中均能显著检测出反硝化功能基因 narG, nirS, nirK 和 nosZ(图 7.4),且在添加 $^{15}NH_4^+$ 处理中 nirS 和 nosZ 丰度有明显的升高。在 10 天的土壤培养过程中,控制氨氧化过程的功能基因 amoA 均被抑制且显著降低。

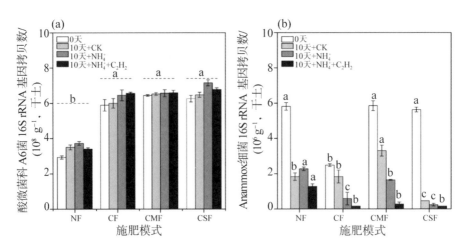

图 7.3　不同施肥模式土壤铁氨氧化和厌氧氨氧化微生物功能基因丰度($p<0.05$)

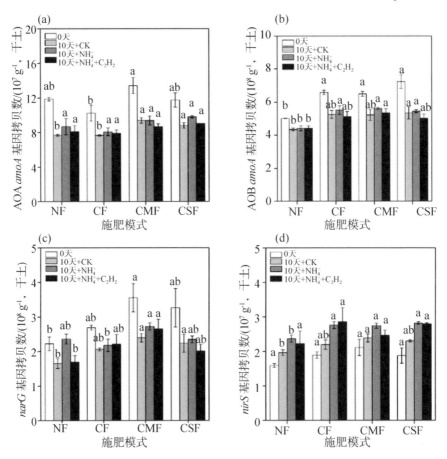

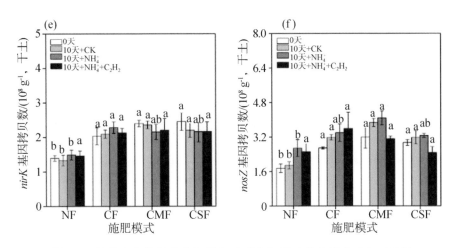

图 7.4　培养后土壤氨氧化细菌和反硝化细菌功能基因丰度（$p<0.05$）

## 7.2　稻田土壤铁氨氧化微生物的群落结构

　　土壤微生物与其所处的环境相互影响,环境条件的改变可以影响微生物的多样性和群落结构,微生物群落形成规模后可以一定程度地改变环境。探索稻田土壤微生物种群结构、分布规律,研究各种因素对其产生的影响,对深入了解各种养分在水稻土壤体系中的传递与转化、解决农药残留造成的稻米安全问题和环境污染等具有重要意义。每克农田土壤中含有的细菌达数百万,真菌和原生动物也达几十万。稻田土壤含水量大、根系密集,更有利于微生物的栖息,微生物多样性非常丰富。土壤微生物多样性与土壤环境密切相关,不同的地区和气候、不同的耕种方式都会影响微生物组成。对于稻田土壤微生物多样性的研究主要集中在两方面:①人为活动对水稻土壤微生物多样性的影响,包括施肥、灌溉、农药应用等;②某些功能微生物多样性的研究,如与碳循环、氮循环、铁循环等相关的微生物。

　　水稻的根际效应与水稻生长有密切关系,肥料的施入会改变土壤组成和水稻根际环境,从而直接或间接地改变稻田土壤微生物群落结构。理论上,肥料为土壤中增添了大量可利用碳源,大大刺激了土壤中微生物的生长,从而提高其多样性。不同的施肥模式能够在一定程度上重构土壤微生物群落,使之形成自身独特的组成和结构。图7.5a的聚类分析结果显示,不施肥与施肥土壤微生物群落结构差异明显,其中,不施肥(NF)与猪粪配施化肥(CMF)土壤中微生物群落聚类更为接近,而纯施化肥(CF)和秸秆配施化肥(CSF)土壤中微生物群落结构更为接近。基于加权的PcoA分析同样验证了该结论。图7.5b表明NF和CMF土壤中微生物群落的分布位置相近,而CF和CSF土壤中的微生物群落结构相似[在第一(Pco1)和第二(Pco1)主坐标轴上均不能分开],前两个主坐标能够解释土壤微生物群落分布中78.5%的变量。基于非加权的PcoA分析能更明显地表示出微生物群落结构的差异,前两个主坐标解释了43.2%的变量,NF与其他施肥模式在第一主坐标上分开(图7.5c),施肥模式均能够在第一主坐标(Pco1)或第二主坐标(Pco2)上完全分开,表明不同施肥模式下微生物群落结构之间有明显的差别。

  微生物群落聚类的结果显示,长期的施肥作用对微生物群落的形成有明显的影响。肥料的施入能够提升土壤氮磷等营养元素含量,丰富土壤微生物生物量,从而影响土壤微生物群落结构。长期纯施化肥(CF)与秸秆配施化肥(CSF)土壤中的微生物群落较为相似,原因主要是CF与CSF模式中通过化学肥料输入的氮磷钾含量一致(均为N 240kg·ha$^{-1}$、P 40kg·ha$^{-1}$、K 85kg·ha$^{-1}$)。肥料的用量可能是决定群落演替方向的主导因素。虽然CMF模式中有秸秆还田的输入,但秸秆的分解过程缓慢,微生物可利用性较低,因此CMF与NF土壤中微生物群落组成较为接近。肥料的用量的主导作用也能够解释CMF(CMF模式中化学肥料的施用量仅为CF和CSF模式的50%)与CF和CSF土壤群落组成差异较大的原因。

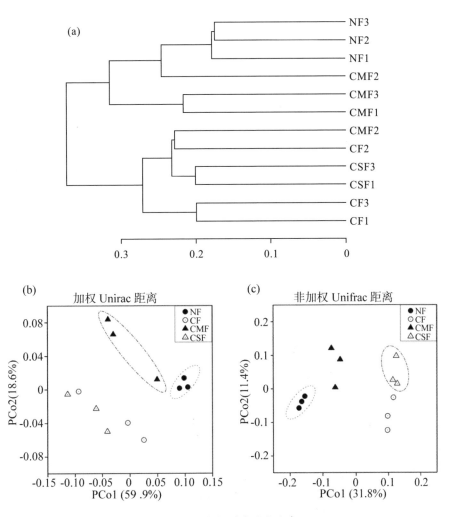

图 7.5　微生物群落结构分析

注：(a)基于样品相对丰度 Bray-Curtis 距离的聚类分析；(b)基于加权 Unifrac 距离的 PcoA 分析；(c)基于非加权 Unifrac 距离的 PcoA 分析。

线性判别分析(LEfSe)被用来探究土壤中不同分类学水平上微生物丰度的差异。如图 7.6 所示，将线性判别分析值(LDA)>3.5 定义为微生物在丰度上差异显著，将这部分微生物定义为响应微生物(Responder)，表示这部分微生物对于施肥模式在丰度上有显著响应。在 4 种不同的施肥模式中,CSF中7个分化枝的丰度显著增加,其次为CF(6个),NF和CMF中均为5个丰度显著增加的分化枝。其中,在门水平上只有CSF中的厚壁菌门(Firmicutes)和芽单胞菌门(Gemmatimonadetes)的丰度显著高于其他施肥模式。值得注意的是,在科的分类学水平下,CMF和CSF中均发现了厌氧氨氧化协同铁还原过程功能微生物所在菌科——酸微菌科(Acidobacteria)丰度的显著增加,虽不能确定丰度的增加是否由酸微菌科A6菌导致,但依然能在一定程度上说明有机肥的输入可能有利于铁氨氧化反应的发生。而在属水平上,在CMF中发现作为响应微生物的厌氧黏细菌(Anaeromyxobacter),表明有机肥的输入能够促进厌氧黏细菌的生长。厌氧黏细菌属、地杆菌属和假单胞菌属是铁还原反应过程中发

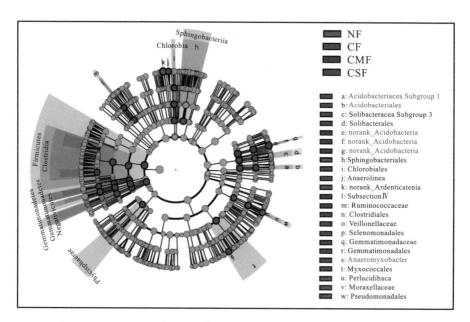

图7.6　不同施肥模式下,细菌各分类水平下的线性判别分析(LefSe)

注:红、绿、蓝、紫色圈分别代表NF、CF、CMF和CSF模式中含量显著高于其他3个模式的菌群,5个同心环从内到外分别代表门、纲、目、科、属分类水平(LDA值>3.5)。

挥作用的功能菌(Ding et al.,2017)。作为 3 种代表性铁还原细菌之一，厌氧黏细菌丰度的显著增加，能在一定程度上表明土壤中发生着活跃的铁还原过程。根据不同施肥模式下响应微生物的分布规律，以及 LefSe 分析结果——有机肥的施用能使铁氨氧化和铁还原过程功能菌群富集，可以推测施肥处理，尤其是有机−无机肥混施下土壤能够提供厌氧氨氧化协同铁还原微生物的生境，极有可能存在较大的铁氨氧化反应潜势。

施肥过程因其对土壤理化性质的改变显著影响土壤微生物群落的组成和分布。冗余分析(redundancy analysis, RDA)和典型相关分析(variation partitioning analysis, VPA)的组合常被用来探究微生物群落与土壤环境因子之间的关系。在统计学中，冗余分析通过原始变量与典型变量之间的相关性，分析引起原始变量变异的原因。以原始变量为因变量，典型变量为自变量，建立线性回归模型，则相应的确定系数等于因变量与典型变量间相关系数的平方。它描述了由因变量和典型变量的线性关系引起的因变量变异在因变量总变异中的比例。典型相关分析是对互协方差矩阵的一种理解，是利用综合变量之间的相关关系来反映两组指标之间的整体相关性的多元统计分析方法。它的基本原理是：为了从总体上把握两组指标之间的相关关系，分别在两组变量中提取有代表性的两个综合变量 U1 和 V1(分别为两个变量组中各变量的线性组合)，利用这两个综合变量之间的相关关系来反映两组指标之间的整体相关性。

土壤微生物群落结构与环境因子的关系如图 7.7 所示。RDA 结果表明，NF 与 CF、CMF 和 CSF 模式在 RDA1 轴上能够分开，RDA1 解释了土壤微生物群落差异的 54.6%。其中，pH 值与 RDA1 轴和 NF 之间的夹角均为锐角，表明 pH 的差异是土壤微生物群落的主要影响因子。此外，CMF 和 CSF 模式与土壤全氮(TN)、$NH_4^+$ 和 $NO_3^-$ 等因子均呈锐角，表明土壤中氮素含量对微生物群落形成起主导作用。采用VPA计算不同施肥模式和土壤性质的差异对微生物群落变化的解释量(图7.7b)。两者对微生物群落变化的解释度为64.61%,其中共同解释的部分达到了26.23%。利用Mental检验进一步验证单一因子对微生物群落的影响程度,其中pH($r$=0.66,$p$<0.01)、TN($r$=0.74,$p$<0.01)、$NH_4^+$($r$=0.75,$p$<0.01)和$NO_3^-$($r$=0.80,$p$<0.01)对微生物群落的影响达到了显著水平。

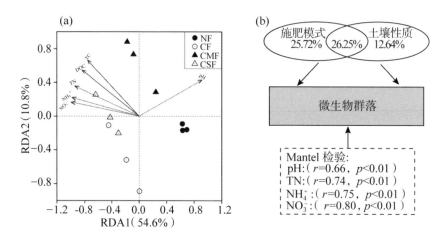

图7.7　不同施肥模式土壤中微生物群落结构与环境因子的关系

注:(a)基于微生物群落和土壤环境因子的冗余分析(RDA);(b)基于不同施肥模式和土壤理化性质的典型相关分析(VPA)及相关土壤因子的Mantel检验。其中,施肥模式表示不同施肥处理中氮、磷、钾和有机肥的用量,土壤性质为土壤基础理化性质。DOC,可溶性有机碳;TC,土壤全碳。

田间不同类型肥料的施用会引起土壤中环境因子的改变,包括土壤含水量、有效氮、可溶性有机碳等,从而驱动细菌群落的改变(Li et al.,2014;Zhao et al.,2014)。我们团队研究的结果同样表明,土壤微生物群落的分布与土壤理化性质有极强的相关性。pH是影响土壤微生物群落及其多样性的重要因子,肥料的添加能够在一定程度上导致土壤酸化

(微生物生长尤其喜好的 pH 环境),pH 变化会引起微生物在丰度上的响应。氮源是微生物生命活动必不可缺的营养元素。施肥能够改变土壤中不同形态氮素的含量,从而改变微生物对氮素吸收的难易程度。长期的低氮或高氮环境能够驱动微生物群落的演替,产生适合环境生态位的微生物群落(Liu et al.,2018)。此外,氮素的差异还能影响整个氮循环的过程,从而调整与氮循环相关的微生物群落,间接影响微生物群落的分布(Wang et al.,2019)。因此,肥料的施用能够直接影响土壤的理化性质(pH 和氮源等),从而引起土壤中微生物群落结构的变化。

进一步进行不同施肥模式土壤中氮循环微生物群落组成的冗余分析和典型相关分析。RDA 结果表明,土壤基础理化性质,如 pH、含水量、全铁、微生物可利用态铁含量、土壤全碳(TC)、总有机碳含量(TOC)、可溶性有机碳(DOC)、$NH_4^+$ 和 $NO_x^-$ 等环境因子解释了不同施肥模式土壤中铁氨氧化相关氮循环微生物差异的 71.39%。RDA1 表明微生物可利用态 Fe(Ⅲ)和土壤总有机碳含量与铁氨氧化功能微生物酸微菌科 A6 菌之间存在显著正相关性,而土壤 pH 与酸微菌科 A6 菌存在显著的负相关性(图 7.8a),该结果进一步证明高铁含量和低 pH 的土壤环境更能促进土壤中铁氨氧化反应。

VPA 也常被用来检测土壤 pH、碳源(TC、TOC 和 DOC)和铁源(全铁和微生物可利用态铁)等对铁氨氧化相关功能微生物差异的解释度。结果表明,长期施肥模式中 72.03%的微生物群落的差异能够被土壤 pH、碳源和铁源解释,其中 pH、碳源和铁源分别各自解释了 1.31%、9.70%和 3.81%(图 7.8b)。VPA 结果还表明,影响铁氨氧化功能微生物最主要的因子为碳源和铁源之间的相互作用,这两者之间的相互作用解释了土壤中铁氨氧化功能微生物差异的 21.35%。用 Mental 检验进一步检测不同碳源对铁氨氧化相关微生物的影响,结果表明 TOC($r^2$=0.813,$p$<0.01)和

DOC（$r^2=0.493$，$p<0.01$）均显著影响了铁氨氧化相关微生物的群落结构。

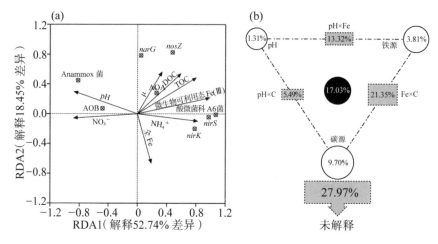

图7.8 不同施肥模式土壤中氮循环微生物群落组成的冗余分析（RDA）和
典型相关分析（VPA）

# 7.3 土壤铁氨氧化过程可能的驱动机制

施肥过程能够显著影响铁氨氧化过程,有机-无机肥混施对铁氨氧化速率的促进作用更为显著。不施肥土壤中铁氨氧化速率（$0.047\mu g\ N\cdot g^{-1}\cdot d^{-1}$）显著低于施肥土壤（$0.205\sim0.319\mu g\ N\cdot g^{-1}\cdot d^{-1}$）。这表明施用肥料,尤其是有机-无机肥混施,能够创造一个更为适宜铁氨氧化发生的土壤环境。从长期进行不同模式施肥后的土壤基础理化性质（表7.1）可以看出,施用肥料后,土壤养分含量均有不同程度的提高,且碳氮元素含量呈现出明显的"梯度变化"规律。不施肥（NF）土壤pH值为6.76。不同类型的肥料施用均能导致土壤酸化,其中长期纯施化肥（CF）的土壤pH下降最显著,pH降至6.25;而猪粪配施化肥（CMF）和秸秆配施化肥（CSF）能在一定程度上缓解土壤的酸化,这两种不同施肥模式土壤的pH值分别为6.52和

6.34。在土壤碳含量方面,CMF 和 CSF 模式能显著提高土壤 TC 和 DOC 含量;长期纯施化肥(CF)也能丰富土壤碳含量,但与不施肥相比并未达到显著水平。对土壤氮含量而言,不施肥(NF)、施纯化肥(CF)和施用有机-无机互混肥(CMF/CSF)三种不同施肥模式在 TN、$NH_4^+$ 和 $NO_3^-$ 含量方面均呈现:NF<CF<CMF/CSF 的分布规律,其中,CSF 模式在 TN、$NH_4^+$、$NO_3^-$ 含量上均达到最高,分别为 $1.90g \cdot kg^{-1}$,$27.48g \cdot kg^{-1}$ 和 $11.91g \cdot kg^{-1}$。说明长期的施肥过程对土壤养分的补充具有重要意义,有机-无机肥混施比纯施化肥对地力提升效果更为显著,且在一定程度上缓解因肥料施用而带来的土壤酸化等问题,秸秆还田配合减量的肥料施用措施对土壤氮素的养分归还效果最佳。不同施肥模式使得土壤中的碳含量(TOC 为 $17.19\sim22.38g \cdot kg^{-1}$;DOC 为 $116.6\sim177.1g \cdot kg^{-1}$)和铁含量($1.53\sim2.92g \cdot kg^{-1}$)呈现明显的梯度分布(表 7.1),这一特征是解释不同施肥模式下铁氨氧化差异的重要因素。

表 7.1　长期施肥后土壤的基础理化性质

| 施肥模式 | pH | TC/($g \cdot kg^{-1}$) | DOC/($mg \cdot kg^{-1}$) | TN/($g \cdot kg^{-1}$) | $NH_4^+$/($mg \cdot kg^{-1}$) | $NO_3^-$/($mg \cdot kg^{-1}$) |
|---|---|---|---|---|---|---|
| NF | 6.76±0.08a | 18.02±1.33c | 122.00±4.61b | 1.37±0.16b | 19.64±1.80b | 5.17±0.65b |
| CF | 6.25±0.17c | 22.38±0.76bc | 126.50±2.86b | 1.64±0.16a | 23.47±2.49a | 10.31±1.23a |
| CMF | 6.52±0.09b | 27.83±1.24a | 145.00±6.90a | 1.88±0.26a | 25.08±1.42a | 11.91±0.29a |
| CSF | 6.34±0.39c | 24.95±1.51ab | 156.75±7.28a | 1.90±0.39a | 27.48±3.84a | 12.80±1.82a |

注:同一列不同的小写字母表示不同施肥模式间在统计学 $p<0.05$ 水平上差异显著。

同时,土壤中碳源主要受施入秸秆和猪粪分解的影响(Su et al., 2006),其他的人为干扰(如耕作过程)则会加速土壤中铁形态的变换,促使结晶态铁向无定形态的转变(Fei et al., 2010),从而使得土壤中微生物可利用态铁比例增加。微生物可利用态铁的增加,在铁还原过程中能够在铁氧化物表面为微生物提供更大的反应面积,加速铁还原过程(Ding et al.,2014)。相较于 NF,CF、CMF 和 CSF 模式土壤中铁还原速率增加了 14.53%、42.73% 和 38.46%(图 6.2),表明施肥对铁氨氧化具有重要影响,能够调控土壤中铁还原过程。

由于土壤中微生物可利用态铁在 pH>4 的环境中为不可溶解的状态(Weber et al.,2006),中性条件下铁的有效性和移动性将受到极大影响。微生物通过不同的机制来应对这一情况,胞外电子穿梭体可能是在铁源有效性低的条件下电子从微生物细胞表面到铁氧化物表面的重要传递机制(Nevin et al.,2002;Weber et al.,2006)。异化铁还原细菌(FeRB)是 Feammox 反应中的一类关键微生物,它们具有在氧化有机或无机物的同时将 $Fe(\mathrm{III})$ 还原成 $Fe(\mathrm{II})$ 的能力。已报道的微生物 Feammox 反应胞外电子传递机制主要有以下 4 种(图 7.9):①微生物与 $Fe(\mathrm{III})$ 直接接触。电子传递至微生物外膜表面之后,外膜细胞色素 c(c-Cyts) 与 $Fe(\mathrm{III})$ 矿物直接接触。②微生物纳米导线。2005 年,雷格拉(Reguera)等在地杆菌属(Geobacter)中发现一种携带 Omcs 蛋白的导电纤毛状物质,称其为纳米导线(nanowire),在 *Shewanella oneidensis* MR-1、蓝细菌等其他菌属中也发现了类似的纳米导线。学者们认为通过纳米导线进行胞外呼吸的方式很可能是元素生物地球化学循环中的一种普遍现象,这种方式在微生物与矿物之间起着不可忽视的作用。③螯合促溶。一些分子或离子可作为溶铁螯合剂,与 $Fe(\mathrm{III})$ 氧化物形成可溶性螯合铁,扩散至微生物表面,使 $Fe(\mathrm{III})$ 被胞外电子还原(图 7.9c)。螯合剂的存在一方面可增加反应体系中生物可利用 $Fe(\mathrm{III})$ 的浓度;另一方面还可以提高 $Fe(\mathrm{III})$ 与铁还原细菌直接接触的概率,从而提高铁还原速率。④微生物利用电子穿梭体实现电子传递。环境中存在大量的氧化还原活性有机物(如可溶态或固态腐殖酸、醌类、抗生素等)。微生物氧化呼吸产生的胞外电子首先传递给电子穿梭体,然后电子穿梭体扩散到含铁矿物表面,并将电子传递给Fe(Ⅲ),同时还原态的电子穿梭体被氧化(图7.9d)。某些微生物还能在自身代谢过程中分泌多样的氧化还原活性物质,作为电子穿梭体参与胞外电子传递。上述4种胞外电子传递机制是 Feammox 反应中重要的微生物金属呼吸方式。目前,有关螯合剂的特性及其与电子穿梭的差异还有待进一步研究。

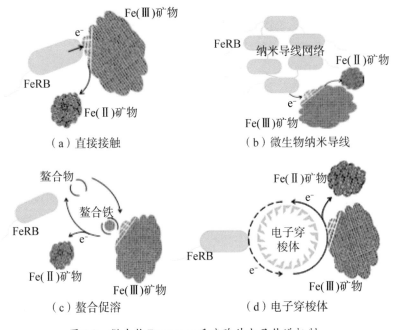

图 7.9　微生物 Feammox 反应胞外电子传递机制

在众多电子穿梭体中,醌基功能团是氧化还原的载体,因此具有传递电子的能力(Watanabe et al.,2009)。在自然土壤中,来源于植物和动物分解过程中的腐殖质,是普遍存在的一类富含醌类基团的物质(Fei et al.,2010)。经由 CMF 和 CSF 外源带入的有机肥中富含腐殖质,施入土壤中能形成一个富含醌类物质的土壤环境,能够在 Feammox 功能微生物和铁氧化物表面建立电子穿梭体的连接,从而打破铁可利用性低的限制,促进铁氨氧化过程。对土壤碳源和氮源的典型变量分析显示,土壤中有机碳(包括TOC和DOC)均与铁氨氧化相关微生物群落显著相关(图7.10)。因此,不同施肥模式中铁氨氧化的差异可能是由碳源和铁源之间的电子传递机制造成的。

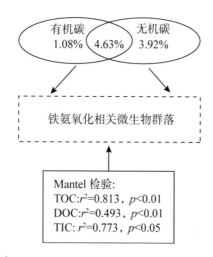

图7.10　土壤碳源对铁氨氧化相关微生物的典型变量分析(VPA)

经历数十年的研究,土壤铁氨氧化过程发生的证据和相关驱动机制逐渐被揭示,为理解地表氮损失途径增添了新的思路。作为氮循环的新途径,铁氨氧化过程能够搭建连接氮循环和铁循环的桥梁,有利于厌氧条件下铵态氮的去除,尤其是在施用大量氮肥的情况下,理解铁氨氧化的发生机制对调控土壤氮循环过程,帮助解决水体水华和低含氧量等环境问题具有重要意义。

# 参考文献

Ding, L. J., An, X. L., Li, S., et al. 2014. Nitrogen loss through anaerobic ammonium oxidation coupled to iron reduction from paddy soils in a chronosequence. Environmental Science & Technology, 48(18): 10641-10647.

Ding, B. J., Li, Z. K., Qin, Y. B., 2017. Nitrogen loss from anaerobic ammonium oxidation coupled to iron(Ⅲ) reduction in a riparian zone. Environmental Pollution, 231: 379-386.

Fei, L. U., Wang, X., Bing, H., et al. 2010. Soil carbon sequestrations by nitrogen fertilizer application, straw return and no-tillage in China's cropland. Global Change Biology, 15: 281-305.

Li, C. H., Yan, K., Tang, L. S., et al. 2014. Change in deep soil microbial communities due to long-term fertilization. Soil Biology and Biochemistry, 75: 264-272.

Liu, H. Y., Li, J., Zhao, Y., et al. 2018. Ammonia oxidizers and nitrite-oxidizing bacteria respond differently to long-term manure application in four paddy soils of south of China. Science of The Total Environment, 633: 641-648.

Nevin, K. P., Lovley, D. R. 2002. Mechanisms for Fe(Ⅲ) oxide reduction in sedimentary environments. Geomicrobiology Journal, 19(2): 141-159.

Pan, H., Xie, K. X., Zhang, Q. C., et al. 2018. Archaea and bacteria respectively dominate nitrification in lightly and heavily grazed soil in a grassland system. Biology and Fertility of Soils, 54(1): 41-54.

Su, Y. Z., Wang, F., Suo, D. R., et al. 2006. Long-term effect of fertilizer and manure application on soil-carbon sequestration and soil fertility under the wheat-wheat-maize cropping system in northwest China. Nutrient Cycling in Agroecosystems, 75(1): 285-295.

Weber, K. A., Achenbach, L. A., Coates, J. D. 2006. Microorganisms pumping iron: Anaerobic microbial iron oxidation and reduction. Nature Reviews Microbiology, 4(10): 752-764.

Watanabe, K., Manefield, M., Lee, M., et al. 2009. Electron shuttles in biotechnology. Current Opinion in Biotechnology, 20(6): 633-641.

Wang, H. H, Li, J. Y., Zhang, Q. C., et al. 2019. Grazing and enclosure alter the vertical distribution of organic nitrogen pools and bacterial communities in semiarid grassland soils. Plant and Soil, 439: 525-539.

Yi, B., Wang, H. H., Zhang, Q. C., et al. 2019. Alteration of gaseous nitrogen losses via anaerobic ammonium oxidation coupled with ferric reduction in paddy soils in Southern China. Science of the Total Environment, 652: 1139-1147.

Zhao, J., Ni, T., Li, Y., et al. 2014. Responses of bacterial communities in arable soils in a rice-wheat cropping system to different fertilizer regimes and sampling times. PLoS One, 9(1): e85301.

# 第8章 电子穿梭体对铁氨氧化过程的调控机制

## 8.1 电子传递理论

在生命形成的早期,铁呼吸是生命体进化过程中最早出现的一种新陈代谢方式(Gold,1999)。土壤中Fe(Ⅲ)和Fe(Ⅱ)之间的氧化还原转化在生物地球化学循环过程中发挥了基础作用(Weber et al.,2006)。铁元素是地壳中含量第四丰富的元素,其氧化物也是土壤中含量最高的氧化物之一。土壤中的无定形态铁(如水铁矿等),很容易作为铁还原微生物的电子受体,但遗憾的是,土壤中的铁主要以结晶态或黏土矿物结构组分的形式存在,很难被微生物直接利用(Lovley,2004)。由于铁氧化物不能溶解,土壤中铁氧化物无法扩散进入微生物细胞内部以进行反应,因此铁还原微生物和它反应的受体铁氧化物之间存在着"间距"。综上,在自然状态下,铁还原微生物直接利用结晶态或结构态的难溶性铁矿物(作为电子受体)进行铁还原的过程存在着壁垒。

土壤中难溶性铁矿物还原过程的微生物学策略:在pH>4条件下,含铁矿物不易溶解的特性为微生物利用铁氧化物(作为最终电子受体)进行代谢带来了困境。经过近几十年的研究,学者相继提出了微生物应对该困境的可能策略,其中最经典的理论为"电子传递理论"。该理论的核心为:铁还原微生物并非必须直接与铁氧化物固相表面接触以进行铁还原过程,其他有效的替代机制(如可溶性的外部电子穿梭体)也能被利用,作为载体在铁还原过程中完成电子向其受体铁氧化物传递的闭环。

电子穿梭体在土壤环境中分布广泛,土壤中氧化还原活性有机组分,如胡敏酸、植物根际分泌物和抗生素等都具备电子传递的能力。近年来,生物质炭也被证明能够作为一种有效的电子穿梭体参与氮循环(Cayuela et al.,2013;Chen et al.,2018)和铁氧化还原(Kappler et al.,2014;Zhou et al.,2016)过程。生物质炭的电子传递催化能力主要来自两种氧化还原活性组分:①氧化还原活性基团(RAM);②电子传递结构(EC$_{BC}$)。一般来说,生物质炭中氧化还原活性组分的含量和组成主要受热解条件(pyrolysis conditions)调控(Klüpfel et al.,2014)。因此,不同热解温度下的生物质炭能够作为一种良好媒介,应用于介导铁还原过程的电子传递机制研究。长期的耕作过程使得稻田土壤pH逐渐趋于中性,然而,在这种条件下铁氨氧化过程依然处于较为活跃的水平。Yi等(2019)研究推测,有机肥的施入能够提高土壤中胡敏酸等有机组分含量,使土壤处于"富醌"的环境,从而提高土壤电子穿梭体(醌基等)含量,驱动电子传递机制主导的铁氨氧化反应。

# 8.2　电子穿梭体的表征方法

生物质炭作为一种电子穿梭体,介导土壤中微生物驱动的氧化还原反应。电子穿梭体的表征可以通过多种手段实现,如傅里叶变换红外光谱法(Fourier transform infrared,FTIR)。不同于色散型红外分光的原理,FTIR是基于对干涉后的红外光进行傅里叶变换的原理而开发的,主要由红外光源、光阑、干涉仪(分束器、动镜、定镜)、样品室、检测器,以及各种红外反射镜、激光器、控制电路板和电源组成,可以对样品进行定性和定量分析。利用 FTIR 对电子穿梭体进行表征,具体方法如下:取样品 0.5g 于 15mL 离心管中,置于 −20℃ 冰箱中进行冷冻,冷冻后取出;在试管口覆上封口膜,用注射器针头在封口膜上扎小孔若干;将样品置于冷冻干燥机中 −40℃ 冷冻干燥 2 天,再取出磨细,过 100 目筛;直接上机测定样品。另外,电子穿梭体的 pH 测定:按 1∶10 将生物质炭与无 $CO_2$ 蒸馏水混匀,在 180r·min$^{-1}$ 摇床上振荡提取 30min 后静置,用 pH 仪测定。电子穿梭体的总碳、氮、氢、硫通过元素分析仪进行测定。采用比表面积仪测定比表面积(BET):将电子穿梭体在 200℃ 条件下脱气 8h 后,通过电子穿梭体氮气吸附曲线进行计算。

## 8.3　生物质炭作为电子穿梭体对铁氨氧化速率的促进作用

以两种不同热解温度下(300℃ 和 600℃)制成的生物质炭作为电子穿梭体的媒介,通过土壤泥浆化培养试验,利用 $^{15}$N 同位素标记技术,研究生物质炭在两种形态铁矿物(低结晶态水铁矿和高结晶态针铁矿)中的作用机制。两种生物质炭分别以 BC3 和 BC6 来表示。制备方法如下:将田间采集的水稻秸秆置于 55℃ 烘箱中脱水 48h,取出用粉碎机破碎后过 1mm 筛,过筛后的植物样品用锡箔纸包好,排除秸秆之间孔隙多余空气,再附上一层锡箔纸(用于密封)。将密封好的植物样品置于马弗炉内,在无氧的条件下分别加热到 300℃ 和 600℃,整个生物质炭烧制分为 3 个阶段。第 1 阶段:升温阶段,以 10℃·min$^{-1}$ 的升温速率升温至目标温度。第 2 阶段:恒温阶段,到达目标温度后,维持目标温度 30min。第 3 阶段:降温阶段,以 1℃·min$^{-1}$ 的降温速率对马弗炉进行降温处理。冷却后得到的生物质炭,用碾钵破碎,过100目筛,待用。共设置4种不同的电子穿梭体处理,分别为:①CK,不添加任何电子穿梭体;②BC3,加入300℃热解生物质炭,添加量为土壤干重的2%;③BC6,加入600℃热解生物质炭,添加量为土壤干重的2%;④AQDS,每克干土添加2μmol的AQDS(蒽醌-2,6-二磺酸钠)溶液。AQDS是研究电子穿梭体的标准物质,实验中设置的AQDS处理是生物质炭处理的阳性对照。同时,实验过程还设置3种不同铁源处理,分别为:①CTR(不添加铁矿)处理;②FER(水铁矿)处理,水铁矿的加入量为140μmol·g$^{-1}$(干土);③GOE(针铁矿)处理,针铁矿的加入量与水铁矿一致,为140μmol·g$^{-1}$(干土)。按照实验设计(表8.1)在不同的处理中加入电子穿梭体和铁源,然后每个培养瓶中加入丰度为99.99%的$^{15}NH_4Cl$ 90mg·kg$^{-1}$(干土),通入99.99%高纯氦气(He)3min后再用丁基橡胶塞进行密封,另加盖铝盖进行固定。培养体系准备完成后,用密闭性注射器抽出瓶内5%气体,替换成等量$CO_2$,保证培养过程中碳源的足量供应。以上所有操作均在厌氧培养箱中完成,以确保无氧环境。将培养瓶置于25℃恒温培养箱黑暗培养,按照时间序列进行破坏性取样。

表8.1　电子穿梭体对铁氨氧化调控的土壤培养实验处理

| 铁源 | 电子穿梭体组分 | 处理添加量 |
|---|---|---|
| CTR<br>(对照) | CK | 4g干土+$^{15}NH_4^+$(360μg) |
| | BC3(2%干土) | 4g干土+$^{15}NH_4^+$(360μg)+0.08g生物质炭 |
| | BC6(2%干土) | 4g干土+$^{15}NH_4^+$(360μg)+0.08g生物质炭 |
| | AQDS(0.2μmol·g$^{-1}$,干土) | 4g干土+$^{15}NH_4^+$(360μg)+0.8μmolAQDS |
| FER<br>(水铁矿) | CK | 4g干土+FER(560μmol)+$^{15}NH_4^+$(360μg) |
| | BC3(2%干土) | 4g干土+FER(560μmol)+$^{15}NH_4^+$(360μg)+<br>0.08g生物质炭 |
| FER<br>(水铁矿) | BC6(2%干土) | 4g干土+FER(560μmol)+$^{15}NH_4^+$(360μg)+<br>0.08g生物质炭 |
| | AQDS(0.2μmol·g$^{-1}$,干土) | 4g干土+FER(560μmol)+$^{15}NH_4^+$(360μg)+<br>0.8μmolAQDS |

续表

| 铁源 | 电子穿梭体组分 | 处理添加量 |
|---|---|---|
| GOE<br>（针铁矿） | CK | 4g 干土+GOE（560μmol）+$^{15}NH_4^+$（360μg） |
| | BC3（2% 干土） | 4g 干土+GOE（560μmol）+$^{15}NH_4^+$（360μg）+<br>0.08g 生物质炭 |
| | BC6（2% 干土） | 4g 干土+GOE（560μmol）+$^{15}NH_4^+$（360μg）+<br>0.08g 生物质炭 |
| | AQDS（0.2μmol·g$^{-1}$，干土） | 4g 干土+GOE（560μmol）+$^{15}NH_4^+$（360μg）+<br>0.8μmolAQDS |

注：$^{15}NH_4^+$，氮 15 标记氯化铵处理，用于测定铁氨氧化反应强度。

实验采用的稻田土壤是经过长期耕作的，土壤 pH 趋于中性（6.76），此时土壤中铁矿物处于不溶解态，但土壤中的铁元素含量依然处于较高水平，其中微生物可利用态铁为 1.28g·kg$^{-1}$，土壤全铁含量达 18.20g·kg$^{-1}$（表 8.2）。由于长期不施肥、连年的耕作和不及时的养分归还，稻田土壤氮素含量处于较低水平，全氮含量为 1.46g·kg$^{-1}$；另外，由于稻田耕作的长期厌氧环境，土壤氮素以铵态氮为主（含量为 13.67g·kg$^{-1}$），硝态氮含量维持在较低水平（1.93g·kg$^{-1}$）。

表 8.2　供试土壤的基础理化性质

| 理化参数 | 数值 |
|---|---|
| pH | 6.76±0.23 |
| 含水量/% | 34.28±0.03 |
| TC/（g·kg$^{-1}$） | 15.99±0.09 |
| DOC/（mg·kg$^{-1}$） | 117.29±4.56 |
| TN/（g·kg$^{-1}$） | 1.46±0.03 |
| $NH_4^+$/（mg·kg$^{-1}$） | 13.67±0.34 |
| $NO_3^-$/（mg·kg$^{-1}$） | 1.93±0.42 |
| 全铁/（g·kg$^{-1}$） | 18.20±1.21 |
| 微生物可利用态铁/（g·kg$^{-1}$） | 1.28±0.03 |
| H/（g·kg$^{-1}$） | 7.65±0.02 |
| S/（g·kg$^{-1}$） | 0.13±0.01 |

不同热解温度下,生物质炭的基础理化性质表现出极大的差异(表8.3)。随着热解温度的增加,pH值明显增加,从300℃升至600℃,pH值增加了1.19个单位。生物质炭的含碳量(C)随热解温度的增加,从49.67g·kg$^{-1}$增加到54.11g·kg$^{-1}$;而氢(H)含量规律与之正好相反,从3.09g·kg$^{-1}$降至1.65g·kg$^{-1}$。随着升温的过程,氢碳比(H:C)从0.066降至0.030,表明热解温度越高,生物质炭的芳香族饱和度越大。值得注意的是,热解温度的升高对生物质炭电导率(EC)和比表面积(BET)大小产生了极大的影响。EC从6.81ms·cm$^{-1}$增加到9.03ms·cm$^{-1}$;比表面积增加更为明显,从3.37m$^2$·g$^{-1}$增加至13.86m$^2$·g$^{-1}$,增幅达311.2%。

表8.3 供试生物质炭的基础理化性质

| 热解处理 | pH | EC/(ms·cm$^{-1}$) | C/% | N/% | H/% | S/% | BET/(m$^2$·g$^{-1}$) | C/N |
|---|---|---|---|---|---|---|---|---|
| BC3 | 10.50±0.01 | 6.81±0.08 | 49.67±0.181 | 1.26±0.01 | 3.09±0.01 | 0.22±0.01 | 3.37±0.17 | 39.42±1.56 |
| BC6 | 11.69±0.01 | 9.03±0.17 | 54.11±1.431 | 1.07±0.02 | 1.65±0.01 | 0.30±0.02 | 13.86±0.58 | 50.57±2.53 |

注:C/N,全碳与全氮含量的比值。

傅里叶变换红外光谱被用于表征BC3、BC6、AQDS和CK处理中电子传递活性物质——醌基的含量(图8.1)。在傅里叶变换红外光谱图中,代表醌类C=O双键的物质的峰值强度通常出现在1630cm$^{-1}$波长处(Chen et al.,2018)。四种不同的电子穿梭体代表醌类物质的峰值强度分别为:AQDS(0.1886)>BC3(0.1479)>BC6(0.1316)>CK(0.1132)。

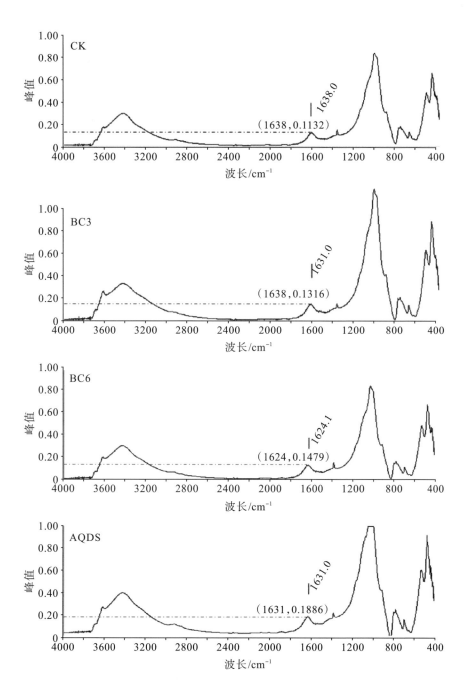

图 8.1　土壤样品傅里叶变换红外光谱图

在添加不同铁源的土壤中,均能明显检测出 $^{30}N_2$(图8.2),表明各处理中均有明显的铁氨氧化过程发生。三种不同的铁源添加处理,$^{30}N_2$ 的产生速率分别为 FER 2.66~5.85μmol·g$^{-1}$·d$^{-1}$, GOE 2.35~3.37μmol·g$^{-1}$·d$^{-1}$, CTR 2.15~2.93μmol·g$^{-1}$·d$^{-1}$。与 CTR 相比,FER 的铁氨氧化速率增加了 23.71%~99.54%, GOE 的铁氨氧化速率增加了 9.13%~23.26%,表明铁源的添加能够促进铁氨氧化过程的发生。

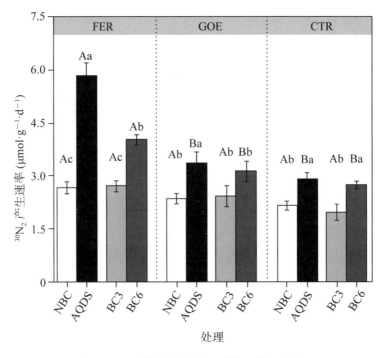

图8.2 不同铁源添加处理的 $^{30}N_2$ 产生速率

注:大写字母表示不同铁源添加条件下,同一电子穿梭体的差异;小写字母表示同一铁源添加处理下,不同电子穿梭体间的差异。$p<0.05$。

不同电子穿梭体的添加,能够显著影响铁氨氧化。在 FER 处理中,铁氨氧化速率最大的为 AQDS 处理,$^{30}N_2$ 的产生速率为 5.85μmol·g$^{-1}$·d$^{-1}$,显著高于 CK 处理(2.66μmol·g$^{-1}$·d$^{-1}$)。两种生物质炭的添加处理中,

BC6 处理的 $^{30}N_2$ 产生速率较 BC3 处理提高 48.41%,表明不同生物质炭的添加能对铁氨氧化过程产生显著影响。GOE 处理与 CTR 处理中 $^{30}N_2$ 的产生速率的变化趋势与 FER 处理一致,均表现出 AQDS 处理的反应速率最快,BC6 处理与 BC3 处理相比能够显著提高铁氨氧化速率。在 GOE 处理中,$^{30}N_2$ 的产生速率从 BC3 处理的 2.43μmol·g$^{-1}$·d$^{-1}$ 提高到 3.13μmol·g$^{-1}$·d$^{-1}$;而 CTR 处理中,这一速率从 1.96μmol·g$^{-1}$·d$^{-1}$ 提高到 2.74μmol·g$^{-1}$·d$^{-1}$。

不同铁源添加处理能够显著影响铁氨氧化速率,主要原因归结于铁源的可利用性。与 CTR 处理相比,FER 和 GOE 处理能够在一定程度上增加土壤中铁氨氧化反应底物——铁元素的含量,增加功能微生物与其电子受体接触的机会。在两种添加铁源的处理中,水铁矿(FER)是一种低结晶态的铁源,其微生物可利用性强,因此能够为微生物提供更大的反应比表面积;而针铁矿(GOE)是一种结晶态较高的铁矿类型,加入土壤之后,并不能迅速直接地被微生物所利用,需要经过干湿交替或人为扰动等外部因素使其形态加速转化成无定形态或低结晶态铁源后才能被微生物利用,因此针铁矿添加到土壤之后对铁氨氧化的促进作用并没有水铁矿明显。

将 CK 作为阴性对照,以 AQDS 为阳性对照,实验结果表明,在 FER 和 GOE 处理中,铁氨氧化速率均为 AQDS 处理最高,CK 处理最低,表明铁氨氧化过程受电子穿梭体的调控,电子穿梭体的添加能明显提高铁氨氧化速率。

用两种不同温度烧制的生物质炭来进一步验证这一结论,600℃烧制的生物质炭具有更高含量的醌类基团。醌类基团作为发挥电子传递能力的重要功能基团(Klüpfel et al.,2014),能够通过促进微生物细胞与铁氧化物表面电子的传递,加速铁氨氧化过程。在三种不同的铁矿条件下,BC6 处理的铁氨氧化速率较 BC3 处理分别提高了 48.41%、29.20% 和

39.56%，显示了生物质炭添加之后对土壤条件电子传递过程的调控，高温条件下烧制的生物质炭对铁氨氧化速率的提升效应更为明显。因此在调控铁氨氧化过程的"微生物-电子穿梭体-电子受体"电子传递体系中同时加入电子穿梭体 AQDS 和微生物易于利用的反应电子受体——低结晶态的水铁矿，可促进该反应的电子传递过程，使其反应速率达到最高值。

## 8.4 生物质炭作为电子穿梭体对铁还原速率的影响

不同施肥模式下，Fe(Ⅱ)的含量如图8.3所示。FER 处理的铁还原速率高于 GOE 和 CTR 处理，FER、GOE 和 CTR 三种不同铁源添加处理的铁还原速率分别为 $0.65\sim1.39\,mmol\cdot g^{-1}\cdot d^{-1}$、$0.55\sim0.87\,mmol\cdot g^{-1}\cdot d^{-1}$ 及 $0.51\sim0.70\,mmol\cdot g^{-1}\cdot d^{-1}$。水铁矿的加入，丰富了土壤中微生物可利用态的铁源，极大地促进了土壤中的铁还原过程。

不同电子传递物质的加入对铁还原过程产生了明显的影响。在添加水铁矿（FER）的土壤中，AQDS 处理的铁还原速率最高（$1.39\,mmol\cdot g^{-1}\cdot d^{-1}$），而 CK 处理的铁还原速率最低（$0.65\,mmol\cdot g^{-1}\cdot d^{-1}$），表明电子穿梭体的加入能够明显促进土壤中微生物介导的铁还原过程。在两种生物质炭添加的处理中，BC6 处理的铁还原速率显著高于 BC3 处理。在培养周期内，BC6 处理的铁还原速率较 BC3 处理的铁还原速率提升了 49.02%。GOE 处理与 CTR 处理也表现出相似的规律，均为 AQDS 处理下铁还原速率最大，而 CK 处理的反应速率最低。在 GOE 和 CTR 处理中，相较于 BC3 处理，BC6 处理的铁还原速率提高了 $0.110\,mmol\cdot g^{-1}\cdot d^{-1}$ 和 $0.126\,mmol\cdot g^{-1}\cdot d^{-1}$，表明不同温度热解生物质炭的添加能够调控土壤中的铁还原过程。

Kappler等（2014）的研究证实，生物质炭中的氧化还原活性物质能够调控铁还原过程，这主要是由于生物质炭中醌类物质等氧化还原组分能够调控微生物与铁矿之间的电子传递过程。

铁还原过程是陆地表面生物地球化学循环中重要的一环，被称作陆地元素循环的基础（Weber et al.，2006）。在铁还原过程中，当铁源活性较低，微生物难以利用时，铁还原微生物可以通过产生"电子导管"、借助电子穿梭体、分泌螯合物等介导机制在一定程度上降低土壤中铁的利用难度或者使其活化，从而促进自身与铁氧化物表面的电子传递过程。因此，无论电子穿梭体AQDS的添加还是具有氧化还原活性功能生物质炭的添加，均能显著提高土壤中铁还原速率。这表明电子传递物质的添加对反应培养体系中铁还原过程起到了良好的调控作用。

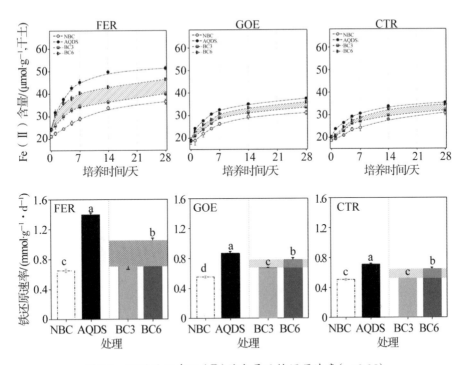

图 8.3　不同处理中 Fe(Ⅱ) 的含量及铁还原速率（$p<0.05$）

在土壤培养过程中,虽然FER处理与GOE处理添加的铁含量一致(均为140μmol·g⁻¹),但两者的铁还原速率却相差较大,FER处理中铁还原速率是GOE处理中的1.18~1.61倍。这主要是因为针铁矿的微生物可利用率低,其添加虽然丰富了土壤中全铁的含量,但基本处于微生物无法利用的形态,对于主要受微生物主导的铁还原过程作用不大。

在三种不同的铁源添加条件下,所有处理中的铁氨氧化速率与铁还原速率明显正相关($r^2$=0.894,$p$<0.001)。该结果表明,在培养过程中,厌氧氨氧化协同铁还原过程在不同铁源添加和电子穿梭体调控的情况下能够较好地耦合(图8.4)。

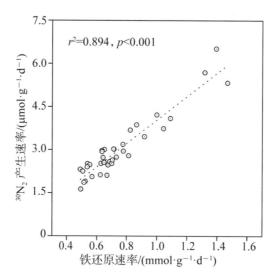

图8.4　铁氨氧化速率与铁还原速率之间的回归分析

## 8.5　生物质炭作为电子穿梭体对铁氨氧化功能微生物的影响

使用Fast DNA SPIN Kit试剂盒提取试验第0天和第28天土壤DNA样品,采用实时荧光定量PCR系统进行功能基因*amoA*、*narG*、*nirS*、 *nirK*和*nosZ*,以及功能微生物厌氧氨氧化细菌、铁氨氧化A6菌的定量。不同铁源添加条件下,铁氨氧化功能微生物酸微菌科A6菌经过28天培养后在土壤中的含量分布变化如图8.5所示。不同电子穿梭物质添加情况下,酸微菌科A6菌的响应存在一定差异。三种不同的铁源添加条件下(FER、GOE、CTR),AQDS处理中酸微菌科A6菌丰度与CK相比均有不同程度的上升,每克干土中酸微菌科A6菌功能基因拷贝数分别增加$0.51×10^7$、$0.29×10^7$和$1.21×10^7$。这表明电子穿梭体的加入能够促进铁氨氧化功能微生物在土壤中的生长,对铁氨氧化反应的发生具有促进作用。BC3处理中,酸微菌科A6菌表现出低程度抑制的现象。在添加水铁矿(FER)情况下,与CK相比BC3处理的酸微菌科A6菌含量下降40.3%;而在GOE和CTR处理中,其含量有轻微上升,分别提高2.67%和2.00%。BC6处理中酸微菌科A6菌含量的变化趋势与AQDS处理一致,均有一定程度的提高,在FER、GOE和CTR处理中分别提高4.00%、37.67%和49.00%。

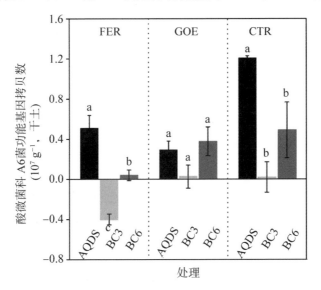

图8.5 不同铁源添加条件下,AQDS、BC3和BC6处理土壤中酸微菌科A6菌丰度与CK处理相比的变化($p<0.05$)

在不同铁源添加处理下,铁氨氧化功能微生物酸微菌科 A6 菌的分布箱形图如图 8.6 所示。其中,CTR 处理中,酸微菌科 A6 菌的分布区间较大,每克干土基因拷贝数为 $1.30×10^7$~$2.77×10^7$;而 FER 处理中,酸微菌科 A6 菌的分布相对较低,每克干土基因拷贝数为 $1.05×10^7$~$2.31×10^7$。这表明铁源的添加并不能够提高铁氨氧化功能微生物的丰度,从而提高铁氨氧化速率。合理的解释为,铁源的添加使得该电子传递体系形成闭环,从而促进铁氨氧化过程。

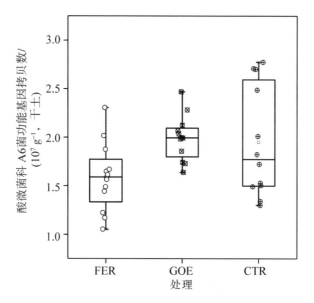

图 8.6　不同铁源添加条件下,土壤中酸微菌科 A6 菌功能基因的丰度分布箱形图

电子穿梭体(AQDS/生物质炭)和含铁矿物(FER/GOE)是电子传递体系"微生物–电子穿梭体–电子受体"中不可缺少的两个组分。铁源和不同电子穿梭体的添加在一定程度上都能显著提高铁氨氧化速率。不同电子穿梭体的添加,对铁氨氧化功能微生物酸微菌科 A6 菌的影响不一,其中 AQDS 和 BC6 的添加对土壤中酸微菌科 A6 菌有促进作用,而BC3 的添加对土壤中酸微菌科 A6 菌有轻微的抑制作用。此外,铁源的

添加对土壤中的铁氨氧化功能微生物丰度并无显著的激发作用,不添加任何铁源的 CTR 处理中酸微菌科 A6 菌的丰度反而较高。因此,不同铁源的添加对铁氨氧化功能微生物丰度并无明显正激发作用,其对铁氨氧化过程的影响主要通过电子传递机制实现。

# 参考文献

Cayuela, M. L., Sánchez-Monedero, M. A., Roig, A., et al. 2013. Biochar and denitrification in soils: When, how much and why does biochar reduce $N_2O$ emissions? Scientific Reports, 3(1): 1-7.

Chen, G. H., Zhang, Z. R., Zhang, Z. Y., et al. 2018. Redox-active reactions in denitrification provided by biochars pyrolyzed at different temperatures. Science of The Total Environment, 615: 1547-1556.

Gold, T. 1999. The deep, hot biosphere. Eos Transactions American Geophysical Union, 52: 65-65.

Kappler, A., Wuestner, M. L., Ruecker, A., et al. 2014. Biochar as an electron shuttle between bacteria and Fe(Ⅲ) minerals. Environmental Science & Technology Letters, 1(8): 339-344.

Klüpfel, L., Keiluweit, M., Kleber, M., et al. 2014. Redox properties of plant biomass-derived black carbon (biochar). Environmental Science & Technology, 48(10): 5601-5611.

Lovley, D. R., Holmes, D. E., Nevin, K. P. 2004. Dissimilatory Fe(Ⅲ) and Mn(Ⅳ) reduction. Advances in Microbial Physiology, 49(2): 219-286.

Weber, K. A., Achenbach, L. A., Coates, J. D. 2006. Microorganisms pumping iron: Anaerobic microbial iron oxidation and reduction. Nature Reviews Microbiology, 4(10): 752-764.

Yi, B., Wang, H. H., Zhang, Q. C., et al. 2019. Alteration of gaseous nitrogen losses via anaerobic ammonium oxidation coupled with ferric reduction from paddy soils in Southern China. Science of The Total Environment, 652: 1139-1147.

Zhou, G.W., Yang, X.R., Li, H., et al. 2016. Electron shuttles enhance anaerobic ammonium oxidation coupled to iron(Ⅲ) reduction. Environmental Science Technology, 50(17): 9298-9307.

# 第9章 稻田土壤氮素厌氧转化途径的相互关系

## 9.1 稻田土壤氮素厌氧转化途径

作为土壤氮素厌氧转化的主要途径,反硝化、厌氧氨氧化及铁氨氧化可将土壤中的硝态氮、亚硝态氮及铵态氮转化为 $N_2$ 并排放到大气中。反硝化、Anammox 均以 $NO_x^-$ 为底物,Feammox 则以 $NH_4^+$ 为底物,三者转化通路均通过微生物进行调控。综合考虑功能微生物与反应底物间的相互关系,在同一体系中反硝化、厌氧氨氧化及铁氨氧化三者之间也可能存在某种相互关系(Ding et al.,2019;Li et al.,2015)。

相对于其他生态系统,Anammox 在稻田系统中对 $N_2$ 产生的贡献率较低(张志君等,2018),稻田系统中有 4.48%~9.23% 的 $N_2$ 来自 Anammox 过程(Shan et al.,2016),其余来自反硝化过程。在表层土壤中反硝化细菌对于有机碳源的竞争强于厌氧氨氧化细菌,导致 Anammox 细菌丰度减少(顾超,2017)。Ding 等(2014,2017)的研究显示,在农田、河岸土壤及河流沉积物三个生态系统中,Feammox 速率与反硝化速率之间存在显著相关性,Feammox 生产的 $NO_2^-$ 或 $NO_3^-$ 可能被用于反硝化。再者,大多数反硝化细菌是异养细菌,而 Feammox 细菌可能是自养细菌,这将减少反硝化和 Feammox 对碳源的竞争作用(Ding et al.,2017;Huang et al.,2015;Zhang et al.,2018)。Feammox 与反硝化之间可能存在协同关系(Ding et al.,2019)。Feammox 和厌氧氨氧化之间可能就 $NH_4^+$ 形成竞争(Li et al.,2015;Vymazal,2007;Zhou et al.,2016)。在同一体系中氮素的三种厌氧转化途径的相互关系有待进一步研究论证。

鉴于厌氧转化在氮循环中的重要意义和稻田生态系统的特殊性,对不同施肥灌溉处理下不同深度稻田土壤中氮素的三种厌氧转化反应速率及其对 $N_2$ 产生的贡献率进行研究,同时结合对环境因子的分析,探索三种氮素厌氧转化途径的关键限制因素,探寻相关过程的调控途径,为氮素厌氧转化机制研究提供参考数据,为促进土壤氮素利用及降低负面环境影响提供建设性参考意见。

我国90%的稻田实行水旱轮作和水稻生长前期淹水、中期烤田(为控制水稻分蘖而排干水分)、末期干湿交替(为了方便收割)的水分管理制度,这些轮作制度及水分管理促进了不同程度的氮损失(熊正琴等,2003;王强等,2017)。而稻田土壤长期处于淹水状态及干湿交替,兼性好氧厌氧,为厌氧细菌的生长提供了有利环境。此外,我国水稻氮肥用量占世界水平的37%,部分地区的稻田单季氮肥用量比世界平均施氮量高出近200%(李虎等,2006)。与之相对的是,我国氮肥利用率并不高。于飞等(2015)的研究表明,我国水稻氮肥表观利用率为39%,虽然较10年前有所提升,但仍低于世界水平。过量的氮肥和较低的氮肥利用率造成了氮素的盈余与损失,带来了一系列的生产和生态问题。因此,稻田土壤系统中的氮循环机制成了土壤氮循环的研究热点。相关研究显示,充足的氮素、淹水种植环境及干湿交替等特性使得稻田土壤成为氮素厌氧转化发生的热点区域,也为稻田氮循环机制研究提供了新的方向。

## 9.2　稻田土壤氮素厌氧转化的影响因子

### 9.2.1　环境因子对稻田土壤氮素厌氧转化的影响

氮素厌氧转化是指土壤处于低氧或者厌氧环境下发生的氮素转化，如反硝化、厌氧氨氧化、铁氨氧化等。厌氧转化是土壤氮素转化的重要组成部分，是氮损失的途径之一（无机态氮转化为气态氮），同时也是将活性氮（$NO_3^-$、$NO_2^-$、$NH_4^+$等）转化为惰性氮（$N_2$），降低对环境负面影响的氮素转化过程。研究氮素厌氧转化机制，明确其限制因素，进而探寻相应的调控机制，对减少氮损失、降低环境负面影响具有重要意义。同样的，氮素厌氧转化发生的途径、反应活性受到环境因子的限制。环境因子一方面影响着功能微生物的数量、分布和活性，另一方面也影响着反应底物和产物的形态、浓度及分布等。

稻田生态系统作为一种人工生态系统，生产实践中的人为干预（如施肥方案、灌溉技术、耕作模式等）和稻田土壤本身干湿交替的环境均会对土壤环境产生影响，而环境的变化会导致氮素转化的底物、微生物及反应条件发生变化，从而影响整个氮素转化过程。研究表明，稻田土壤干湿交替的模式会让土壤通气情况、pH、氧化还原电位、微生物含量、底物含量、C/N 等方面发生变化。淹水时，土壤中的氮素主要以铵态氮（$NH_4^+$）为主，肥料水解产生的 $NH_4^+$ 保留在土壤中的时间较长，更容易被同化固定。而在旱作时，好氧状态使得 $NH_4^+$ 更易硝化为 $NO_3^-$，稻田土壤处于 $NH_4^+$ 与 $NO_3^-$ 混合状态，为氮素转化提供了充足反应底物和能量，提高了氮素转化的效率。此外，稻田中不同肥料的施加会导致土壤碳、氮形态及含量的差异，改变土壤 pH，改善土壤结构和通气性等，从而对氮素转化反应底物浓度以及相关功能微生物丰度、群落结构产生影响。研究表明，碳源增加会显著提升反硝化速率、促进反硝化微生物生长（张志君等,2018),有机–无机肥组合施加能显著提高稻田土壤中厌氧氨氧化细菌丰度、增强 Feammox 速率和 Fe(Ⅲ)还原速率(聂三安等,2018;Zhou et al.,2016)。

## 9.2.2 土壤深度对稻田土壤氮素厌氧转化的影响

目前对土壤氮素厌氧转化的研究大多集中在表层土壤,对深层土壤氮素的厌氧转化研究相对较少。深层土壤本身包含一定量的营养物质,施加在表层的肥料分解后产生的营养物质也会伴随灌溉向深层淋洗,最终在深层剖面积累,此外,深层土壤相较于表层土壤具有相对稳定的厌氧环境和还原条件,这些都使氮素厌氧转化发生在深层土壤剖面成为可能。而不同深度的环境因子存在差异,反映在氮素厌氧转化过程上也有所差异。研究发现,反硝化微生物群落结构在 20~40cm 土层对肥料的反应更为敏感,在底层土壤中可能易受可溶性有机碳、pH 限制(高文萱等,2019;陈娜等,2019)。Zhu 等(2018)的研究发现,北方旱地土壤中夏季表层土壤厌氧氨氧化活性最高,冬季 60~80cm 土层中活性最高。Qin 等(2019)的研究发现,稻田表层土壤更有利于反硝化细菌的活动,而 Feammox 可能是表层土壤以下氮损失的主要原因,Feammox 活性层分布在 10cm 到 40cm 的深度之间。深层土壤在空间上的异质性影响着土壤的氮素转化过程,对于研究土壤氮损失而言至关重要。

# 9.3 稻田土壤氮素厌氧转化途径之间的关系

## 9.3.1 稻田土壤氮素厌氧转化速率

实验土样来自浙江省宁波市鄞州区横溪镇金峨村(29°39′9.05″N,

121°35′0.07″E)的施肥处理点。2018—2020 年,在该地开展田间试验。试验地位于山区半山区,属于北亚热带湿润季风气候,多年平均气温 16.2℃,区内多年平均降雨 1564mm。试验地海拔约 80m。土壤类型为水稻土,其中有机质 41.9g·kg$^{-1}$,pH 5.1,电导率 61.7μs·cm$^{-1}$,阳离子交换量(CEC)11.2cmol·kg$^{-1}$,全盐量 190.9mg·kg$^{-1}$,碱解氮 277mg·kg$^{-1}$,速效磷 90.2mg·kg$^{-1}$,速效钾 140mg·kg$^{-1}$,缓效钾 237.1mg·kg$^{-1}$。

在田间约 1200m$^2$样地内,设置 3 块约 400m$^2$的主试验区;每个主试验区内,分别使用节水灌溉(AWD,6404m$^3$·hm$^{-2}$)、浅水淹灌(CF,10966m$^3$·hm$^{-2}$)。其中,浅水淹灌是农民常规灌溉方式。在同一灌溉技术的样地内,分别使用不施肥(CK)、农民常规施肥(FFP)、有机肥替代(SSNM+PM)、缓效肥料替代(SSNM+SR)四种不同施肥处理,如表 9.1 所示。每个处理设置 3 个重复(图 9.1)。供试作物为水稻,品种为"甬优 1540",于 2018 年 6 月育秧移栽。11 月初水稻进入成熟期。

表 9.1　样地施肥与灌溉处理

| 水分管理 | 施肥处理 | 施肥处理安排 |
|---|---|---|
| AWD | CK | 不施肥 |
| | FFP | 有机肥 500kg,尿素 30kg,过磷酸钙 50kg(基肥),撒施 |
| | SSNM+PM | 猪粪 146kg,尿素 17.3kg,过磷酸钙 7.25kg,KCl 8kg(K$_2$SO$_4$) |
| | SSNM+SR | 控释肥 3.33kg,尿素 17.3kg,不施用过磷酸钙,KCl 8.4kg |
| CF | CK | 不施肥 |
| | FFP | 有机肥 500kg,尿素 30kg,过磷酸钙 50kg(基肥),撒施 |
| | SSNM+PM | 猪粪 146kg,尿素 17.3kg,过磷酸钙 7.25kg,KCl 8kg(K$_2$SO$_4$) |
| | SSNM+SR | 控释肥 3.33kg,尿素 17.3kg,不施用过磷酸钙,KCl 8.4kg |

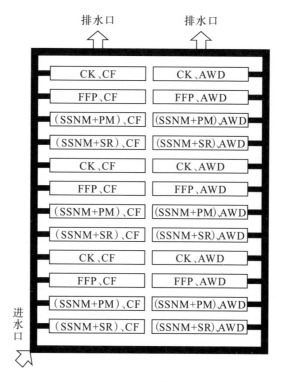

排水口　　　排水口

| CK、CF | CK、AWD |
| FFP、CF | FFP、AWD |
| (SSNM+PM)、CF | (SSNM+PM)、AWD |
| (SSNM+SR)、CF | (SSNM+SR)、AWD |
| CK、CF | CK、AWD |
| FFP、CF | FFP、AWD |
| (SSNM+PM)、CF | (SSNM+PM)、AWD |
| (SSNM+SR)、CF | (SSNM+SR)、AWD |
| CK、CF | CK、AWD |
| FFP、CF | FFP、AWD |
| (SSNM+PM)、CF | (SSNM+PM)、AWD |
| (SSNM+SR)、CF | (SSNM+SR)、AWD |

进水口

图9.1　田间布置

采集 2018 年 11 月的水稻季土壤样品（0~20cm、20~40cm、40~60cm、60~80cm），带回实验室用于土壤培养实验及测定。用于理化测定的样品风干过筛后待测，其余土壤样品置于 4℃ 条件下短暂保存（用于后期土培实验）。同时采集成熟期水稻作物。

进行同位素培养之前，先将土壤进行一段时间的预培养，以恢复土壤微生物活性。预培养的第一步为制备无氧灭菌水，将 500mL 超纯水置于1000mL 烧杯中，在高压蒸汽灭菌锅中以 120℃ 条件灭菌 30min，充分冷却后，用封口膜密封，置于超净工作台内待用。挑除样品中的植物根系，将土壤样品混匀后，称取一定量的土壤置于培养瓶中，用无氧灭菌水调节土水比为 1∶3（干土∶水），用于制备土壤泥浆。将制备好的培养瓶放置在厌氧培养箱中,25℃条件下黑暗培养4天,用于耗尽土壤中的氧气和本底的$NO_x^-$离子。

反硝化、厌氧氨氧化和铁氨氧化速率分别用$^{15}NO_3^-$同位素标记法和$^{15}NH_4^+$同位素标记法进行测定,具体操作如下。

土壤预培养后,分别取12g匀质的泥浆置于50mL培养瓶中,用气密性丁基橡胶塞进行密封,并加盖铝盖塞来固定。实验设置3个处理:①对照处理(CK,只添加无氧灭菌水);②$^{15}NH_4Cl$添加处理($^{15}NH_4Cl$,添加丰度为99.9%的$^{15}N$);③$Na^{15}NO_3$添加处理($Na^{15}NO_3$,添加丰度为99.9%的$^{15}N$)。每个处理重复3次。在②和③处理中$^{15}NH_4^+$或$^{15}NO_3^-$的最高浓度为100μmol·$L^{-1}$,$^{15}N$储备液使用前通入氦气(He)半小时以降低其中的氧含量。样品置于25℃厌氧培养箱中黑暗培养。

按照时间序列0h、24h对培养样品进行破坏性取样,取样过程在厌氧培养箱中进行。取样之前,培养瓶置于摇床上180r·$min^{-1}$剧烈摇晃2h以混匀样品和平衡瓶内气-液相之间的气体。在取样过程中先采集气体样品,用气密性注射器取培养瓶中200μL的气体,立刻注入12mL已充满氦气(He)的顶空瓶中,通过气相色谱-质谱仪(IRMS)测量$^{30}N_2$和$^{29}N_2$的产生速率。在添加和不添加$^{15}NH_4^+$处理之间,$^{30}N_2$产生速率的差异被认为是潜在的Feammox速率。反硝化速率和厌氧氨氧化速率则根据添加和不添加$^{15}NO_3^-$处理之间的$^{30}N_2$产生速率与$^{29}N_2$产生速率的差异进行测定。气体样品采集完成后,进行土壤样品的分装取样,按照盐酸-菲啰嗪测定法使用盐酸和盐酸羟胺提取二价铁和总提取态铁,经菲啰嗪显色后,在562nm波长下进行比色测定。

将$Na^{15}NO_3$添加处理与对照处理对比,测定$^{30}N_2$产生速率,获得不同灌溉方式下不同施肥处理各个深度土壤的反硝化速率(0.41~2.12mg N·$kg^{-1}$·$d^{-1}$)(图9.2)。对于浅水淹灌稻田而言,随着土壤深度的增加,反硝化速率呈现上升趋势,但在40~80cm土层间无显著差别,这可能与浅水淹灌导致底层土壤处于厌氧状态,反硝化效率得以提高有关;施肥处理相较于不施肥处理,显著提高了土壤表层和40~80cm深处的反硝化速率,而在20~40cm深处反硝化速率则有所下降。而在节水灌溉稻田中,随着土壤深度的增加,反硝化速率逐渐降低;施肥处理相较于不施肥处理能够提高0~60cm土层的反硝化速率,且不同深度间有显著性差异;而在不施肥处理20~80cm土层中反硝化速率差距较小,甚至在60~80cm土层中有小幅度上升。

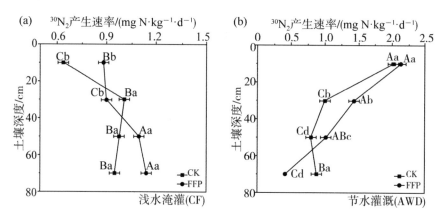

图9.2 浅水淹灌(CF)和节水灌溉(AWD)方式下不同施肥处理土壤$^{30}N^2$产生速率的变化($p<0.05$)

综合来看,施肥相较于不施肥处理能够提高土壤反硝化速率,但在不同深度的效果受到其他条件限制。在0~40cm土层中节水灌溉方式下反硝化速率高于浅水淹灌,在40~60cm土层中反硝化速率取决于施肥,在60~80cm土层中浅水淹灌后的反硝化速率更高(图9.2),这表明反硝化速率可能与土壤含水量有关。

将$Na^{15}NO_3$添加处理与对照处理对比,测定$^{29}N_2$产生速率,获得不同处理下各个深度土壤的厌氧氨氧化速率(0.062~0.394mg $N \cdot kg^{-1} \cdot d^{-1}$)(图

9.3）。与反硝化速率相似,对于浅水淹灌稻田而言,随着土壤深度的增加,厌氧氨氧化速率呈现上升趋势;施肥处理相较于不施肥处理,显著提高了表层土壤的厌氧氨氧化速率,而在 20~40cm 土层的厌氧氨氧化速率则有所下降。而在节水灌溉稻田中,随着土壤深度的增加,厌氧氨氧化速率逐渐降低;施肥处理相较于不施肥处理,不同深度间有显著性差异,施肥处理能够提高 0~60cm 土层的厌氧氨氧化速率。相较于反硝化速率,40~80cm 土层的厌氧氨氧化速率受施肥影响并不显著。

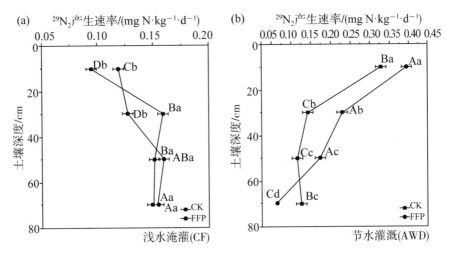

图 9.3 浅水淹灌(CF)和节水灌溉(AWD)条件下不同施肥处理土壤 $^{29}N_2$ 产生速率的变化($p<0.05$）

综合来看,施肥相较于不施肥处理能够提高土壤厌氧氨氧化速率,但在不同深度的效果受到其他条件限制。在 0~40cm 土层中节水灌溉方式下厌氧氨氧化速率高于浅水淹灌,在 60~80cm 土层中浅水淹灌方式下厌氧氨氧化速率更高,在 40~60cm 土层中厌氧氨氧化速率则取决于施肥。

前人的研究表明,土壤中 Fe(Ⅲ)还原速率与 $^{30}N_2$ 产生速率存在显著相关性(Ding et al.,2014;Qin et al.,2019)。铁还原速率在一定程度上可以表征铁氨氧化速率的变化趋势。实验得到不同处理下各个深度土壤的Fe(Ⅲ)还原速率范围为0~0.96g·kg⁻¹·d⁻¹(平均值:0.086g·kg⁻¹·d⁻¹)。随着土壤深度的增加,Fe(Ⅲ)的还原速率总体呈下降趋势(图9.4),表层土壤的Fe(Ⅲ)还原速率显著高于其他深度。但在20~80cm土层中,随着深度的增加,铁还原速率逐步呈上升趋势,这意味着铁氨氧化速率可能在逐渐增加。施肥处理相较于不施肥处理,铁还原速率显著增加;节水灌溉相较于浅水淹灌条件,铁还原速率显著增加。这可能与施肥、节水灌溉提高了铁氨氧化速率有关。Qin等(2019)研究了不同土壤深度下稻田土壤的铁氨氧化速率,得到的铁还原速率的平均值为0.079g·kg⁻¹·d⁻¹,与我们实验得到的平均值相近,³⁰N₂的产生速率范围为0.031~0.42mg N·kg⁻¹·d⁻¹。

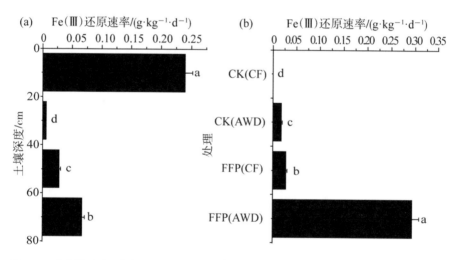

图9.4 不同土壤深度下(a)和不同施肥处理灌溉方式下(b)Fe(Ⅲ)的平均还原速率($p<0.05$)

### 9.3.2 稻田土壤氮素厌氧转化对N₂产生的贡献率

在不同施肥处理与灌溉方式的稻田土壤中,反硝化速率与厌氧氨氧化速率分别为0.41~2.12mg N·kg⁻¹·d⁻¹与0.062~0.394mg N·kg⁻¹·d⁻¹,这与 Ding 等 (2019) 的研究结果相近 (反硝化速率为 1.58~3.14mg N·kg$^{-1}$·d$^{-1}$; 厌氧氨氧化速率为 0.05~0.12mg N·kg$^{-1}$·d$^{-1}$)。反硝化和厌氧氨氧化产生的 $N_2$ 分别约占总 $N_2$ 的 84.3%~88.1% 和 11.9%~15.7%。Ding 等 (2019) 在稻田中测得铁氨氧化产生的 $N_2$ 约占总氮气损失的 2.8%~3.9%。这表明反硝化作用是土壤各个深度 $N_2$ 产生的最主要途径,这可能与反硝化细菌含量有关 (顾超,2017)。Shan 等 (2016) 的研究发现,在中国 11 种典型水稻土壤中厌氧氨氧化产生的 $N_2$ 占总氮气损失的 4.48%~9.23%。各个土壤深度与施肥灌溉处理下反硝化、厌氧氨氧化对 $N_2$ 产生的贡献率并无显著差异 (图 9.5a、b)。

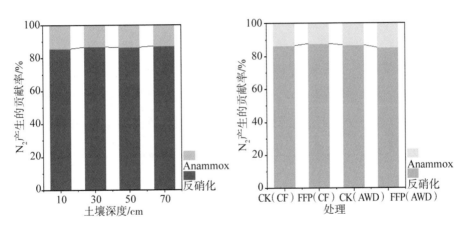

图 9.5　不同土壤深度下 (a) 和不同施肥处理 (灌溉方式) 下 (b) 反硝化和厌氧氨氧化对 $N_2$ 产生的贡献率

### 9.3.3　反硝化、厌氧氨氧化、铁氨氧化之间的联系

无论是反硝化、厌氧氨氧化还是铁氨氧化,氮素厌氧转化过程都受到环境因子的影响。前人的研究表明,稻田土壤反硝化速率可能受到硝态氮、DOC、亚铁、土壤水分、无机氮含量及 pH 等因素影响 (李凤霞等,

2018；李进芳等，2019)。降低土壤pH可以显著抑制$N_2O$还原酶活性，阻碍$N_2O$还原为$N_2$(Dobbie et al.，1999；Simek et al.，2002)；有机质、TN、$NH_4^+$和$NO_3^-$含量会限制厌氧氨氧化细菌的丰度和群落结构，从而影响厌氧氨氧化活性(聂三安等，2018)；铁氨氧化活性可能与土壤水分、TOC、溶解氧(DO)、铁氧化物形态及$Fe(III)$含量等因素有关(Ding et al.，2017，2019；Huang et al.，2016；Li et al.，2015；Zhou et al.，2016)。

对各个土壤理化性质与氮素厌氧转化途径进行Person相关性分析。在节水灌溉的稻田土壤中，反硝化速率、厌氧氨氧化速率均与土壤水分、TOC、硝态氮、铵态氮含量之间存在显著正相关性(表9.2)，这与李凤霞等(2018)、聂三安等(2018)的研究结果一致，而铁还原速率与铵态氮含量之间存在显著正相关性，这与铵态氮与$Fe(III)$同为Feammox反应底物的关系是一致的。而在浅水淹灌的稻田土壤中，反硝化速率与土壤有机碳含量、铵态氮含量与硝化势之间显著负相关，厌氧氨氧化速率与有机碳含量、硝化势之间显著负相关(表9.3)，这解释了在节水灌溉和浅水淹灌方式下各个深度土壤氮素厌氧转化速率的变化差异。

各个处理中，反硝化、厌氧氨氧化速率呈现相似趋势，Person相关性分析显示，反硝化速率与厌氧氨氧化速率之间存在显著相关性($r=0.986$，$p<0.01$)(图9.6)，这可能与反硝化产生的$NO_2^-$促进了厌氧氨氧化有关。此外，$Fe(III)$的还原速率与反硝化速率($r=0.527$，$p<0.05$)、厌氧氨氧化速率($r=0.622$，$p<0.05$)之间均存在显著相关性(图9.7)。这与Ding等研究结果一致，即Feammox速率与反硝化速率之间存在显著相关性，Feammox产生的$NO_2^-$或$NO_3^-$可能被用于反硝化(Ding et al.，2014；Ding et al.，2017)，以及铁还原会促进$Fe(II)$在反硝化中的应用(Li等，2015)。Feammox产生的$NO_2^-$或$NO_3^-$也可能被厌氧氨氧化利用，反硝化、厌氧氨氧化、铁氨氧化之间存在相互的协同作用。

表 9.2　节水灌溉方式下氮素厌氧转化与土壤理化性质相关性分析

| 氮素厌氧转化途径 | 土壤理化性质 | | | | | |
|---|---|---|---|---|---|---|
| | 含水量/% | pH | 有机碳含量/(g·kg⁻¹) | 硝态氮含量/(mg·kg⁻¹) | 铵态氮含量/(mg·kg⁻¹) | 硝化势/(mg N·kg⁻¹·d⁻¹) |
| 反硝化速率/(mg N·kg⁻¹·d⁻¹) | $r=0.947**$, $p<0.01$ | $r=0.252$ | $r=0.898**$, $p<0.01$ | $r=0.800**$, $p<0.05$ | $r=0.931**$, $p<0.01$ | $r=0.583$ |
| 厌氧氨氧化速率/(mg N·kg⁻¹·d⁻¹) | $r=0.941**$, $p<0.01$ | $r=0.252$ | $r=0.887**$, $p<0.01$ | $r=0.847**$, $p<0.01$ | $r=0.902**$, $p<0.01$ | $r=0.660$ |
| 铁还原速率/(g Fe·kg⁻¹·d⁻¹) | $r=0.558$ | $r=0.019$ | $r=0.600$ | $r=0.237$ | $r=0.737*$, $p<0.05$ | $r=-0.034$ |

表 9.3　浅水淹灌方式下氮素厌氧转化与土壤理化性质相关性分析

| 氮素厌氧转化途径 | 土壤理化性质 | | | | | |
|---|---|---|---|---|---|---|
| | 含水量/% | pH | 有机碳含量/(g·kg⁻¹) | 硝态氮含量/(mg·kg⁻¹) | 铵态氮含量/(mg·kg⁻¹) | 硝化势/(mg N·kg⁻¹·d⁻¹) |
| 反硝化速率/(mg N·kg⁻¹·d⁻¹) | $r=-0.347$ | $r=-0.265$ | $r=-0.867**$, $p<0.01$ | $r=-0.682$ | $r=-0.795*$, $p<0.05$ | $r=-0.820*$, $p<0.05$ |
| 厌氧氨氧化速率/(mg N·kg⁻¹·d⁻¹) | $r=-0.357$ | $r=-0.314$ | $r=-0.769*$, $p<0.05$ | $r=-0.501$ | $r=-0.667$ | $r=-0.866**$, $p<0.01$ |
| 铁还原速率/(g Fe·kg⁻¹·d⁻¹) | $r=-0.310$ | $r=-0.356$ | $r=-0.216$ | $r=-0.132$ | $r=-0.197$ | $r=-0.293$ |

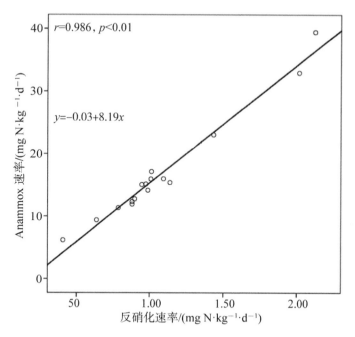

图 9.6　反硝化速率和厌氧氨氧化速率相关性分析

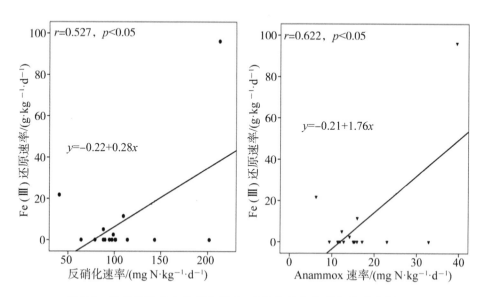

图 9.7　铁还原速率与反硝化速率、厌氧氨氧化速率相关性分析

# 参考文献

陈娜,刘毅,黎娟,等.2019.长期施肥对稻田不同土层反硝化细菌丰度的影响.中国环境科学,39(5):2154-2160.

顾超.2017.水旱轮作稻田土壤厌氧氨氧化及其影响因素的研究.杭州:浙江大学.

高文萱,闫建华,杜会英,等.2019.土壤nirS,nosZ型反硝化菌群落结构及多样性对牛场肥水灌溉水平的响应.农业环境科学学报,38(5):1089-1100.

李虎,唐启源.2006.我国水稻氮肥利用率及研究进展.作物研究,20(5):401-404.

李凤霞,王长军.2018.土壤氮素转化及相关微生物过程研究.宁夏农林科技,59(4):37-40.

李进芳,柴延超,陈顺涛,等.2019.利用膜进样质谱仪测定水稻土几种氮素厌氧转化速率.农业环境科学学报,38(7):1541-1549.

聂三安,王祎,王飞,等.2018.稻田土壤厌氧氨氧化菌群落结构对长期不同施肥的响应.土壤学报,55(3):744-753.

王强,徐建明,姜丽娜,等.2017.轮作水稻对大棚土壤硝化作用和氮挥发的影响.水土保持学报,31(1):186-190.

熊正琴,邢光熹,施书莲,等.2003.轮作制度对水稻生长季节稻田氧化亚氮排放的影响.应用生态学报,14(10):1761-1764.

于飞,施卫明.2015.近10年中国大陆主要粮食作物氮肥利用率分析.土壤学报,52(6):1311-1324.

张志君,秦树平,袁海静,等.2018.土壤氮气排放研究进展.中国生态农业学报,26(2):182-189.

Dobbie, K. E., McTaggart, I. P., Smith, K. A. 1999. Nitrous oxide emissions from intensive agricultural systems: Variations between crops and seasons, key driving variables, and mean emission factors. Journal of Geophysical Research: Atmospheres, 104(D21): 26891-26899.

Ding, L. J., An, X. L., Li, S., et al. 2014. Nitrogen loss through anaerobic ammonium oxidation coupled to iron reduction from paddy soils in a chronosequence. Environmental Science & Technology, 48(18): 10641-10647.

Ding, B. J., Li, Z. K., Qin, Y. B. 2017. Nitrogen loss from anaerobic ammonium oxidation coupled to iron( Ⅲ ) reduction in a riparian zone. Environmental Pollution, 231 (1): 379-386.

Ding, B. J., Chen, Z. H., Li, Z. K., et al. 2019. Nitrogen loss through anaerobic ammonium oxidation coupled to iron reduction from ecosystem habitats in the Taihu estuary region. Science of The Total Environment, 662: 600-606.

Huang, S., Jaffé, P. R. 2015. Characterization of incubation experiments and development of an enrichment culture capable of ammonium oxidation under iron-reducing conditions. Biogeosciences, 12(3): 769-779.

Huang, S., Chen, C., Peng, X. C., et al. 2016. Environmental factors affecting the presence of Acidimicrobiaceae and ammonium removal under iron-reducing conditions in soil environments. Soil Biology and Biochemistry, 98: 148-158.

Li, X. F., Hou, L. J., Liu, M., et al. 2015. Evidence of nitrogen loss from anaerobic ammonium oxidation coupled with ferric iron reduction in an intertidal wetland. Environmental Science & Technology, 49(19): 11560-11568.

Qin, Y. B., Ding, B. J., Li, Z. K., et al. 2019. Variation of Feammox following ammonium fertilizer migration in a wheat-rice rotation area, Taihu Lake, China. Environmental Pollution, 252: 119-127.

Šimek, M., Cooper, J. E. 2002. The influence of soil pH on denitrification: progress towards the understanding of this interaction over the last 50 years. European Journal of Soil Science, 53(3): 345-354.

Shan, J., Zhao, X., Sheng, R., et al. 2016. Dissimilatory nitrate reduction processes in typical Chinese paddy soils: Rates, relative contributions, and influencing factors. Environmental Science & Technology, 50(18): 9972-9980.

Vymazal, J. 2007. Removal of nutrients in various types of constructed wetlands. Science of the Total Environment, 380(1-3): 48-65.

Zhou, G. W., Yang, X. R., Li, H., et al. 2016. Electron shuttles enhance anaerobic ammonium oxidation coupled to iron(Ⅲ) reduction. Environmental Science & Technology, 50(17): 9298-9307.

Zhang, R. C., Xu, X. J., Chen, C., et al. 2018. Interactions of functional bacteria and their contributions to the performance in integrated autotrophic and heterotrophic denitrification. Water Research, 143: 355-366.